# 做一朵蘑菇：从概念到展览

# MAKING A MUSHROOM

## FROM CONCEPT TO EXHIBITION

张彬 著

BY ZHANG BIN

辽宁美术出版社

LIAONING FINE ARTS PUBLISHING HOUSE

# Zhang Bin

## 张彬

**张彬**

博士，毕业于中央民族大学美术学院

聊城大学美术与设计学院副教授，黄河学研究院研究员

**专著**

《融：象意美学·傣族孔雀艺术·当代艺术跨领域研究》

《得意·忘象：张彬画集》

《水灵魂：醉在西双版纳的日子》

**主编**

《碰撞·融合·在线：中德当代艺术交流》

**个展**

“桃花源与元宇宙”

“芳香的土地”

“原野中的舞者”

**中外艺术交流**

策划主持聊城大学“中德当代艺术交流项目”，完成与德国魏玛包豪斯大学、杜塞尔多夫艺术学院合作的艺术创作、学术交流、作品展览、成果出版等活动

# *Foreword*

## 写在前面

对于小时候的我们来说，21世纪是终极梦想。遥远的21世纪，象征着明天与未来，代表的是幸福和吉祥。那个抽象的时间维度，简直就是离苦得乐的人间天堂。

新世纪之后的2019年年末，绝大部分中国人在准备举家团圆、辞旧迎新、围炉夜话时，收到了就地过春节的通告。前所未有的新冠病毒（COVID-19）自那个寒冬开始弥散在空气中，成了人们心中挥之不去的魔影。那一刻起直至之后漫长的1000多个日日夜夜，对于很多人——尤其是身居海外的游子而言，家，变成了遥不可及的远方。

接近三年的疫情管控带来了太多的改变。在我就职和居住的大学里，许多学生的高校生涯几乎在网课中度过，以至于同学见面仍是路人；许多学生通过网络完成毕业答辩，拿到了毕业证书和学位证书；许多学生通过网络考上了研究生，继本科之后又在网络上开始了研究生阶段的学习。表哥家的孩子拿到了美国一所高校的硕士研究生offer，在国内取得了美国高校的学历和学位，他们一家人戏称这段学习经历为“电大”。

新冠疫情以及接下来旷日持久的抗疫战争是人类与病毒的殊死较量。截至到手稿完成，全球因新冠疫情死亡的人数应该已经超过700万。哪一场荷枪实弹的战争、哪一次横尸遍野的灾难曾经如此狂野而肆无忌惮地扫荡过人类这个站在喜马拉雅山尖尖上、将万物踏于足下的地球霸主呢？

那个人人自危的春日时节，我们一家人居住在占地面积200万平方米的校园里。校内外的工作、交流因疫情管控而静止，空间也因此静默，只有时间还在按部就班、不离不弃地陪伴着我们。随着气温回暖，湖水泛起涟漪，小草争相返青，柳树兀自发芽，春天没有因为病毒的肆虐迟到半步。学生无法返校，教职工无法进校，偌大的校园旷无人烟。然而，即便是这人迹罕至的校园里，传说也有包裹病毒的气溶胶在游荡，我们每日把自己封锁在公寓里，与春风隔窗对望，相看两不厌。那个寂静的春天里，只有病毒生机勃勃。

在与病毒日复一日的对峙中，心终究慢慢松弛了些。我们开始戴上防护级别最高的N95口罩，全副武装地出门溜达。偶尔远远见到对面走来同样小心翼翼的人影，便立马不约而同地各自转弯避让。那个春天很残酷，但为吉祥的童年回忆增添了不少有趣的元素。因为人烟稀少，草开始自由地拓展生长空间，茂密的草丛为各种各样的小动物提供了栖居之地。于是，吉祥第一次在现实世界而不是童话书中看到了小刺猬。我们都第一次见到了野鸡——不是活的，而是凌乱不堪、残缺不全的野鸡尸体，这意味着有比野鸡更野的动物在校园里出没。那样充满野性、个性张扬的校园，可能令校园本身也始料不及。仿佛我们身处的不是纯净的象牙塔，而是充满未知与神秘的亚马孙原始森林，是古代高士隐居修心的山林，这倒是部分弥补了我一直以来对山野密林的向往。

校园里除了三个湖，还有大面积的草地和数座供吉祥撒欢儿、寻宝的树林。蘑菇，也在那个时间节点、那个无人打扰的空间出现在我们的生活里。雨后隔天的草坪与林间空地上，星星点点的小蘑菇三三两两地盛开着。它们那么超凡脱俗，尽管所有的动植物不惧疫情，但仿佛它们才是最勇敢的那一个。仿佛它们在平安的岁月里不曾出现，却偏偏在这个病毒肆意横行的时空中从平行世界穿越而来，只为与人类结伴同行，为人类带来精神和心灵上的慰藉——虽然它们看上去那么弱不禁风。直到后来，随着我对蘑菇兴趣的与日俱增，才知道蘑菇对于人类乃至整个地球的重要性。这么说吧，地球上可以没有人类，但不可能没有真菌还能正常运行。

在那个时间节点同时出现的，还有羊毛。没想到，对于人类而言，那轻如鸿毛的纤维，居然是最长情的陪伴。自古至今，羊毛从来没有淡出过人类的生命与生活，或者说，没有人愿意逃离羊毛的温暖。溯源黄河，我们也能看到羊的一路相伴。从高原到平原，从游牧到农耕，从毡房到厨房再到书房，从起居到服饰再到艺术，羊全方位滋养了中国人的身体，温润了中国人的精神。

蘑菇与羊毛注定相遇。我并不是第一个用羊毛做蘑菇的，但第一个用羊毛做蘑菇的人一定拥有敏锐的感觉与温软的灵魂，因为真的唯有羊毛配得上蘑菇那软软糯糯的质感。于是，关于羊毛毡和蘑菇的一切，就从那场仿佛见首不见尾的封控开始了。

随着疫情状况的起起伏伏，复学、封控、放假、返校、再封控……反反复复，我也就在这循环往复的节奏中一边陪吉祥上网课，一边用羊毛做我的蘑菇。一朵朵蘑菇，就在千丝万缕与千针万线的纠缠中慢慢成型了。

2022年，又是年底，我在聊城大学空中美术馆和聊城日报社新闻美术馆相继举办了“桃花源与元宇宙”个人艺术展，作品品类包括布面亚克力、纸本综合材料和装置，其中的装置作品正是用羊毛做的蘑菇。

空中美术馆展览开幕当天，学校再度开启静默模式，电视台记者不能进校，各个环节费尽周折。即便如此，远方的亲友还是陆续知道了这件事，这验证了一个早已被古人认可的常识——人的认知不会受限于时空。

在空中美术馆展览期间，前来观展者络绎不绝。因为疫情管控，除了教职工及家人外，尤以年轻学子居多，我自然心下欢喜。在美术馆陆续遇见前来观展的学生，有学生说很幸运毕业前能看到这么有趣的展览；一些学生第一次知道学校还有这么棒的美术馆；撤展前一天晚上作品打包到近凌晨，一直有学生在参观；最后一件作品在墙上，仍然有学生在争分夺秒地打卡；好友冒着病毒的枪林弹雨不远千里前来助阵……感谢他们的喜欢与鼓励。

基于作品，基于展览，基于各个层面及维度的爱，我想做一个总结，回溯作品的前世今生，思考未来之路；同时，基于当代艺术中观念的大行其道，基于AI艺术创作的势不可当，我也想在此触摸手艺的温度，反思手艺的价值。

# Contents

# 目录

Foreword 写在前面

## 01



回到森林，
采一朵蘑菇

## 02



关于一朵蘑菇
的宏大叙事

**Contents** / 目录

## 03 / 用羊毛做一朵蘑菇

## 04 / 在一朵蘑菇里安住

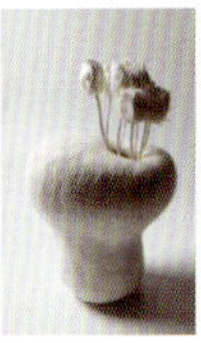

## 05 / 一场关于蘑菇的艺术展

## Epilogue / 写在后面

# 01

# 回到森林，采一朵蘑菇

- 没有哪一个爱蘑菇的人不爱森林
- 关于森林的俯瞰与仰视
- 重返柔软的勐仑
- 寻踪雨林边地
- 探秘热带雨林
- 密林边曾经的舞影
- 回到雨林采蘑菇

# 没有哪一个爱蘑菇的人不爱森林

用羊毛做一朵蘑菇，始于对森林的向往。没有哪一个喜欢蘑菇的人不热爱森林，没有哪一个热爱森林的人不是坚定的环保主义者。

1982年，德国艺术家约瑟夫·博伊斯（Joseph Beuys）在第七届卡塞尔文献展上发起了公共艺术项目“7000棵橡树——城市造林取代城市管理”，计划用5年时间在卡塞尔市种植7000棵橡树。博伊斯通过在世界各地演讲等方式筹集款项，项目直至他去世后第二年才由他的家人接替完成，不断成长的橡树让城市成为可以休憩身心的森林。博伊斯希望这个项目在未来能延续到世界各地，从而带来人们意识层面的改变，继而实现人类、社会与生态环境的优化。他的愿望一步步得到了回应：1988年，美国迪亚艺术基金会（Dia Art Foundation）在纽约种下了35棵橡树；2000年，美国马里兰州巴尔的摩的各个公园内陆续种植了200余棵橡树，并建立了博伊斯雕塑公园；2015年，英国艺术机构德弗伦（Deveron Arts）在苏格兰种植了49棵橡树；在当代艺术领域，2005年，中国艺术家徐冰主持了“木·林·森”计划，为肯尼亚恢复森林绿化创建了一套自动循环系统……

森林是个神奇的空间，这应该是一切生命的共识。我至爱的里玛[1]生活在南美洲热带雨林里，我时常呼唤的阿纳斯塔夏[2]生活在西伯利亚森林里，我迷恋的傣族女性也生活在西双版纳的森林里。此外，在人类历史上，许

---

①英国作家和博物学家威廉·亨利·赫德逊（William Henry Hudson）的著作《绿色寓所》中的主人公。

②俄罗斯作家弗拉狄米尔·米格烈（Vladimir Megre）的著作《鸣响雪松》中的主人公。

多伟大的思想家在创立宗教或获得洞见之前，都曾隐居森林。为什么他们要隐居？为什么他们伟大的思想火花没有在被称为“思想母床”的大学校园里迸发？耶稣基督曾一个人进入荒漠、山区和森林，又带着无尽的爱与智慧回到人间布道；摩西退隐归来后向世人揭示刻在石板上的箴言；印度的乔达摩·悉达多在森林里隐居7年，之后在人间传播了撼动无数人心的教导，被后人尊称为佛陀；我国古代卓有成就的高僧大士也都以隐居山林为人生的最高理想。

所以，森林究竟是一个什么样的所在？森林通过什么样的方式引领居于其中的人得到终极智慧，带领他们洞悉生命与宇宙的本来？“森林”的英文单词“forest”拆解开来就是“for rest”。的确，森林是让人修养身心、找寻自我的天赐之所，这可能就是为什么人类隐居森林，以求获得终极智慧的原因。有人说“忙”字拆开了就是“心亡”，人一旦疲于奔命，心会死去。而森林，是一个让人闲下来、放松下来的地方，只有在这种状态下，人才能找回迷失的灵魂，找回自身具足的智慧。

12年前，我在西双版纳的热带雨林默默许了个愿，未来的某一天，我会带上我爱的人回到那里。今年暑假，我实现了多年前的夙愿。在吉祥中考结束之后，我带他回到了心心念念的云南，回到了那片红土地，回到了那片连空气都是绿色的森林（图1-1）。

兜兜转转，在我们旅程结束回到家中之后，有一天，吉祥说，妈妈，我还想去云南，老母亲心中压抑不住地狂喜。我相信关于森林、蘑菇以及与之相关的一切，已经像一颗种子，种在了他的心里，总有一天会长成一座真正的森林，在他身陷生命和生活的困扰时，成为他心灵的庇护之所，替代我，继续做他漫长人生路上的守望者和庇护者。

图1-1　森林里的空气是绿色的

# 关于森林的俯瞰与仰视

因为吉祥在北京参加中考，我们的出发地定在了北京，这为去西双版纳提供了更大的方便和更多的选择。从北京去西双版纳最便捷的路径就是航班直飞或者昆明转乘，但我们最终选择了高铁，因为不喜欢那种身置云端的悬空感，不喜欢每次飞行前潜藏在心底的那种生离死别的感觉。或许，我此生都不会喜欢乘坐飞机，特别是在吉祥告诉我人类到现在也没有彻底搞清楚飞机为什么能起飞之后。

“云南十八怪”的其中一怪是“火车没有牛车快”，当全国大部分地区已经享受到高铁的快捷时，北京到昆明的火车时长仍然是漫长的45～48小时。此外，从昆明转乘大巴到西双版纳，2000年那会儿需要10个小时，而且一路上颠到飞起。2012年那会儿，昆明到西双版纳已经开通了高速公路，行程也得八九个小时，但舒适感提升了很多。2017年，北京到昆明终于开通了高铁。2022年，昆明到西双版纳的高铁正式运营。如今，从北京到西双版纳，一路高铁，即便需要在昆明转乘一下，那也是方便、安全得多了。

6月26日晚8时许，我们乘坐从北京到昆明的高铁，动卧一路安眠伴随一夜好梦，次日上午9点多便到达了昆明南站；因为火车准点到站，半小时内便转乘了联程中的第二段，在昆明南站乘坐高铁，下午就到达了西双版纳站；当即再度转乘从西双版纳到磨憨口岸的高铁，5点多即到达勐腊站，入住网订的民宿酒店。从北京出发，不到20个小时，我们便在遥远的南部边疆吃上了地道的傣餐牛撒撇。

此次没有像以往那样直奔勐仑是因为有朋友推荐勐腊的望天树景区，看到朋友视频中高大的望天树、浓密的芭蕉林，芬芳的雨林气息扑面而来，我当下就醉在了原地，立马决定从景洪绕道勐腊，然后再到勐仑。

为了不错过望天树，为了尽早回到勐仑，到达勐腊当晚，我们便通过“西双版纳出行”小程序预订了次日从勐腊到勐仑的大巴车票，而我们的望天树之旅也因此浓缩成了一段精确到分秒的旅程。28日上午8：30到达勐腊火车站，在火车站站前广场搭乘8：40的景区直通车，大约40分钟后到达望天树景区。由于事先已经在“去哪儿”APP上预订了景区通票，我们计划直接坐船走水路到达著名的雨林长廊。

雨林早早就醒了，但是因为大部分的人类还在睡梦中，所以河水与森林都是安静的。水汽在水面和雨林上空升腾，阳光由于水雾的阻隔变得朦胧缥缈，船行水上，恍惚间仿佛游走在桂林山水间。吉祥一路上手搭船舷沉静地拍照、发呆，我则看看他，再看看晨雾中的水岸森林，心满意足。

西双版纳热带雨林地处热带、亚热带地区，湿热的气候极宜植物生长，因此植被在距离地表40米～60米的空间内分出了若干个树层，不同植物分层共同搭建起一个充满勃勃生机和各种可能性的绿色三维空间。以望天树为代表的最高树层高度可达50米～60米，下一级的树层为30米～40米，再下一层为20米～30米，森林最下层树木的高度在10米左右，10米以下的空间则以乔木幼苗、灌木、草本为主。

望天树属于热带雨林植被的最上层，是热带雨林中的巨人，单听名字便知其身材高大。望天树是西双版纳热带雨林的代表树种，也是东南亚热带雨林地区最高的树木。从底层到上层，在树干上自下而上生长着蕨类、石斛兰以及天南星科等各类附生或藤蔓植物，大多是喜阴怕光的阴生植物。

望天树景区必到之处是架设在树与树之间长长的雨林空中长廊。空中长廊距离地面36米，在上面晃晃悠悠地穿行在望天树高耸的树干之间，可以很直观地感受雨林气息，从不同角度观看和体验雨林。虽然高悬在雨林腰间做了回空中飞人，但粗大的绳索和细密的网眼还是让人很有安全感。

从空中长廊下来后，可选择“蔡希陶小道”或“菲利普小道”返回到电瓶车泊车点。我们选择了路程较远的“菲利普小道”，赶在11：30前到达泊车点，坐摆渡车到景区门口，搭乘11：40的直通车返回酒店。好心的司机师傅听说我们下午1：45从勐腊汽车站坐车，便让我们收拾好行李，12：40在民宿附近路口等他，搭乘他的下一班从火车站到望天树景区的直通车去到勐腊县城，在瑞景大酒店下车后，步行10分钟左右便到达了勐腊汽车站。尽管有高德APP带路，下车时司机师傅仍然担心我们迷路，殷殷叮嘱的样子碰触到了我心底的柔软。

## 重返柔软的勐仑

我们顺利坐上了前往勐仑的大巴，傍晚时分到达勐仑，再度入住热带植物园北门附近的春林宾馆。

仿佛一切都没有变，仿佛时间没有在勐仑留下任何痕迹，还是那盛开着鸡蛋花的街，还是那高高大大的椰子树，还是那长长的吊桥，甚至路口拐角处春鸡脚的小吃店以及另一个拐角处的烧烤也都一如既往地在着。仿佛勐仑用不变的姿态守望着每一个远方的游子，只为萦绕在他们心尖尖上的那股熟悉的酸笋味。真的有种回到家里的感觉，似乎此生再也不用奔波了。

相较四川、贵州等地理位置相近的地方，我最喜欢的总是云南，而在云南境内走来走去，发现最爱的也总是西双版纳。在我的主观认知当中，云南——彩云之南是那么柔软。而西双版纳，则每一缕气息都是柔软的，我爱极了那种难以名状的柔软。那种感觉就像是一种软质基底的容器，可以无限制地接纳、包容、承载你身体及情绪的每一个凸起，填满你身体及情绪的每一处塌陷。让你身心的每一处都充盈、温暖，深陷其中，不能自拔。

大约是在21世纪初的那段时间，人文旅游盛行，我曾经收藏了一本小书叫作《丽江的柔软时光》，书中没有高深晦涩的文字，主要介绍景点及路线，顺带一些主观性比较强的软文，可以称作“旅游攻略”的鼻祖。看过《丽江的柔软时光》，丽江成为继西双版纳之后，我最想去走走看看的一个地方。当我漫步在丽江古城时，心下明白，还是更倾心西双版纳，因为就“柔软”而言，西双版纳更胜一筹。

勐仑，是我2000年初到西双版纳时的第一站。那一次在勐仑采风、写生、摄影、游玩、过泼水节，一待就是一个半月。自那之后，勐仑成了我在西双版纳的心灵栖居地。每次去西双版纳，都是途经景洪而不留，直奔勐仑，入驻春林宾馆，以后的日子就在勐仑小镇逛逛吃吃，在热带植物园进进出出，在罗梭江畔兜兜转转，在傣族村寨走走停停。对我而言，西双版纳就是勐仑，勐仑就是西双版纳（图1-2）。

西双版纳的不少地名与佛教有关，留下了很多佛祖在傣族地区弘法的传说。傣族地区的行政区划有着不同的傣语称谓，“景”为“城市”，比如景洪，据说佛祖在夜间走了很远的路，黎明时分到达一处所在，因此将脚下的土地命名为“景洪”，意为“黎明之城”；“勐”属于“景”的管辖地，相当于“镇”，比如勐腊，傣语“腊”为“茶”之意，相传佛祖来到这里，人们用茶款待他，于是佛祖就将此地命名为“ 勐腊 ”；“曼”相当于村寨，比如曼掌，“掌”指的是大象，曼掌指的是有大象出没的村寨。

图1-2　勐仑小镇的绿色

勐仑的“勐”是“镇”的意思，这一点我早在23年前在西双版纳写生期间就知道了。然而勐仑为什么叫勐仑，却从未深究过。爱勐仑爱了这么多年，直到这次去西双版纳，才知道傣语中的“仑”是“柔软”的意思，“勐仑”意为“柔软的小镇”。难怪初遇勐仑便一见如故，20多年来更是深藏在内心的柔软。天知道，潜意识中我是多么喜欢这种所向无敌的柔软啊。老子曾经以他无上的智慧断言：“天下之至柔，驰骋天下之至坚。”至柔，是那么的不可估量，让人沦陷其中，一待就是半辈子（图1-3）。

**图1-3　勐仑小镇的花香**

# 寻踪雨林边地

当地人熟知的热带植物园全称“中国科学院西双版纳热带植物园”，位于勐仑镇罗梭江环绕的葫芦岛上，是中国第一个热带植物研究基地，由蔡希陶先生于20世纪50年代末筹备创建。

植物园每天都有一辆接一辆的大巴，载着一车一车的人，匆匆赶来，匆匆地打卡，然后又匆匆离去，奔赴下一个匆匆，仿佛他们的人生就是由一串匆匆组成的。他们为何而来，为何而去，又为何来去匆匆？难道旅游不是为了换一个环境，换一种心情，享受自内而外的松弛吗？然而，这次我们也是前所未有的匆匆啊，在勐仑仅待了短短三天，这是有生以来我与勐仑相处时间最短的一次。6月29日，热带植物园西区闲逛；6月30日，东区绿石林和热带雨林景区探险；7月1日我和吉祥分头行动，他独自进园，我则在小镇上散步，与小镇道别。

到达勐仑的次日，我们开启了在热带植物园溜溜达达、漫无目的闲逛的时光机。出春林宾馆右拐百米左右，便是热带植物园北门，当地人俗称吊桥门，因为一进大门便是一座窄窄长长的吊桥。吊桥横跨罗梭江两岸，仿佛连通了理想与现实、天上与人间，仿佛亘古如此。许多年前，因为五颜六色的傣族姑娘撑着同样五颜六色的太阳伞三三两两漫步吊桥之上，吊桥曾经像架在罗梭江面上的一座联结小镇与雨林的彩虹，色彩缤纷，让人流连忘返。如今的吊桥，已不见了傣家姑娘婀娜的身影，取而代之的是推着电动车上下班的植物园工作人员，且胖胖的大叔居多。吊桥似乎从天上降落到了人间，因为生命中不能承受之重而显乏累、黯淡。

植物园分为东西两区，东区是更加原生态的热带雨林，比较野。西区人工因素更多一些，可以看作热带雨林的前奏或边地。西区的热带植物按品类分区域栽种，形成了不同的植物园区，比如奇花异卉园、阴生植物园、百香园、百果园、百花园、棕榈园、龙脑香园等。下吊桥后右拐直行，可到达植物园西区正门，也叫西门；前行可到达百花园；左拐穿过百竹园，可到达阴生植物园。

我一直感觉自己前世是一棵树，更精准地说，是一棵杉树，因此今生基因中也携带着杉树的特质。那个古老的树种在地球上度过了那么漫长的岁月，却始终与周遭世界格格不入，倔强地遗世独立，始终如一。三毛说过："要做一棵树，站成永恒，没有悲欢的姿势。"遗憾的是，我是一棵有悲欢的树。但不管是什么树，都会落地生根，因循季节变化生长寂灭，在生命周期中循环往复、随遇而安，看上去那般安然。因为像树，我的喜好与愿望这么多年一直没有改变，比如在热带植物园，最喜欢的仍然是阴生植物园。阴生植物属于热带雨林的底层植被，生长的是怕光喜阴的植物，最常见的有品类丰富的蕨类、兰花、天南星科，还有美丽的地涌金莲、瓷玫瑰等。

还好啊，一切都在！瓷玫瑰还是那样静默地杵着，鹿角蕨和石斛兰还是那样心安理得地挂在树上做着树搭子（图1-4、图1-5）。可能是季节原因，没有见到作为佛教圣物的地涌金莲，心生些许失落。在阴生植物园，我们漫无目的地闲逛之余，喂饱了自己，吉祥顺带喂饱了湖里成群结队的巨大锦鲤（图1-6）。

图1-4 森林中的空中花园

吉祥最感兴趣的地方则是奇花异卉园，他天生对奇幻之事没有抵抗力。含羞草、跳舞草、猪笼草等让这个身高近一米八的大个子秒返童年。这家伙玩儿得不亦乐乎，以至于我都心疼起那些花花草草，担心被他玩到过劳死。

想了解花花草草含羞闭合、闻乐起舞、以肉为食的原理，维基、谷歌、百度等搜索引擎会告诉你最科学的答案。让我窃笑的是，人类把世间万物分门别类，在物与物之间垒起概念的高墙，却阻挡不了它们基因中天生的共通性。瑞士心理学家卡尔·荣格（Carl Gustav Jung）认为每一个个体的人都拥有对于人类过往的

**图1-5　阴生植物园里的花**

**图1-6　吉祥投喂锦鲤**

整体记忆，他将之命名为“集体无意识”，这种集体无意识潜藏于人类的基因中，显化为在某些时间节点人类文明发展方向莫名其妙的同质化。我想，这种一体化倾向扩大到整个宇宙，便是老子所说的“道生一，一生二，二生三，三生万物。万物负阴而抱阳，冲气以为和”。万物皆源于“道”，万物都是那个“一”的不同显化。因此，当含羞草被触摸时，会呈现出类似于人类害羞的反应；跳舞草在乐声响起时，会情不自禁地舞之蹈之（图1-7）；猪笼草会因为迷恋蛋白质的鲜美而散发香气诱捕昆虫。

跳舞草每一枚叶子由3片小叶组成，一大两小，大个儿的主叶是不动的，两片小小的附叶会在音乐声中转动。一开始是某一片小叶子难以觉察地轻微颤动，渐渐地，当整株甚至整片跳舞草的叶子都动起来时，场面就十足感人了。吉祥给它们播放日本动漫音乐，我说，它们不喜欢日本音乐，它们喜欢傣族音乐，喜欢葫芦丝，比如《月光下的凤尾竹》《有一个美丽的地方》等，当然，真正喜欢傣族音乐和葫芦丝的是我呀。

图1-7　含羞草（左）；跳舞草（右）

猪笼草是一个个兜状的小笼子，造型小巧精致，颜色柔和丰富，笼口还有一个形状和大小都恰到好处的小盖子（图1-8）。假如我是一只小昆虫，我想，我会很乐意一头扎进那个散发香氛的小笼子，美美地睡去，管他春夏与秋冬，直到地老天荒。

图1-8　猪笼草

# 探秘热带雨林

到达勐仑的第三天，我们按计划去往植物园东区。东区在我的印象中既遥远又神秘，明明每次到植物园都不会错过，但却一直都没转明白，这次算是彻底搞清楚了。先捋顺一下前两次在东区的线路：2000年攻读硕士学位期间去的是绿石林，在那里见到了喀斯特地貌形成的恐怖鬼脸和巨蟒一样肆意狂舞的藤蔓，这一段惊悚的游园经历我记录在了2005年出版的《水灵魂：醉在西双版纳的日子》里；2012年带学生进行博士项目考察时，赶上绿石林整修，我们只去到了距离西区比较近的东区热带雨林景区。

穿北门过吊桥，左转沿罗梭江直走，便从西区到了东区。进到东区后，较近的是热带雨林景区，继续前行很长一段才能抵达绿石林。我们一早出发，一路步行，途经热带雨林到达了最远处的绿石林，返回途中去了热带雨林，最后从热带雨林返回植物园北门。

绿石林得名于“上有雨林，下有石林”，是喀斯特地貌与生长在石灰岩山地垂直地带的原始热带季节性湿润林的总称。绿石林的森林覆盖率高达90%以上。森林主干道铺设了带护栏的封闭型长廊，从入口便进入走廊，单行通往各个景点。大大的板根、长长的藤蔓一如既往地野蛮生长着，当年吓得我魂飞魄散的怪兽脸也没有缺席（图1-9～图1-11）。因为廊道是封闭的，所以进不到长廊之外的雨林地带，甚至连雨林的地面都踩不到，安全系数是提高了，但感觉与雨林之间仿佛隔着一扇玻璃，没那么刺激，也就没那么动人心魄了。两相比较，热带雨林景区更加自然，地势相对平缓，空气湿润，大板根、绞杀、空中花园等典型的热带雨林现象比比皆是。而且，在热带雨林景区，我遇见了蘑菇。

# 密林边曾经的舞影

在植物园东区热带雨林景区门口，我发现了2012年傣家姑娘跳舞的地方，那是我多年以来一直珍藏在心底的一道风景。

2000年，在植物园写生时，每天必去阴生植物园，一是因为着迷阴生园的植物，另一个重要的原因则是阴生园的凉亭里有美妙的傣族姑娘在葫芦丝的伴奏下翩翩起舞。那时候还没有数码相机，一个胶卷最多能拍40张左右照片，因此，每按一次快门就意味着胶卷里又少了一张底片。每次在西双版纳，傣族姑娘沐浴与舞蹈是最费胶卷的场景。但在那种景况下，压根儿也没时间心疼胶卷啊。

2012年再到植物园时，阴生植物园的凉亭里已经没有当年的舞影，为此，心中怅然了好一阵子。直到有一天，在漫无目的的游走中误打误撞又一次听到了熟悉的音乐，看到了熟悉的舞影，我心中充满感恩，把它当作上天的馈赠。因为对地形不熟，当时尽管找到了跳舞的姑娘们，但并不知道她们所在的具体地点，现在也了然了，原来就在植物园东区热带雨林景区旁边的凉亭内。热带雨林景区处于下沉地段，需要沿路边台阶下去才能进入，但跳舞的地方是与主路齐平的一座挑高凉亭，有一段小小的吊桥连接主路与凉亭。

还记得当年我们在曼远跟那位妖娆的大叔岩应学了几天傣族舞，于是想在傣族姑娘面前显摆一下，没想到乱了阵脚，现在想来仍然脸红。尽管如此，我们的班门弄斧还是拉近了彼此的距离，排练结束后，傣族姑娘友好地邀请我们坐上她们的通勤班车返回了西区。

只是不知道，如今的她们，又去到了哪里？她们还好吗？

图1-9　绿石林里野蛮生长的藤蔓

图1-10　绿石林里的怪兽脸

图1-11 绿石林里的大板根

# 回到雨林采蘑菇

在去往东区的路上，遇到一位年近七旬的老奶奶从森林里钻出来，手中拿着一条短棍在草丛里拨来拨去，我意识到她是在采蘑菇，当然，云南人叫作捡菌子，一问果然如我所料。跟她聊了几句，她说她父母都在植物园工作，因此她生在植物园，长在植物园，后来又在植物园工作到退休。我当场化身为那个满眼桃心、流着口水的表情包，真是实名羡慕了，我说您这是生活在天堂里啊，她幸福地点头称是，接着说今天菌子少，可能已经被人捡过了，看到她手里拿的一朵菌，我以为是黄赖头，她说是黑牛肝。看来，作为一介蘑菇小白，我对菌子的认知还有很大的提升空间啊。

在从绿石林折返的方式问题上，我和吉祥产生了分歧，我想做摆渡车，吉祥想步行。于是，我等车的工夫，吉祥已经飞快地跑开了，自此开启了他的单飞之旅。想起龙应台在《目送》中写道："所谓父女母子一场，只不过意味着，你和他的缘分就是今生今世不断地在目送他的背影渐行渐远。你站在小路的这一端，看着他逐渐消失在小路转弯的地方，而且，他用背影告诉你：不必追。"心中怅然若失（图1-12）。

在热带雨林景区，吉祥再度跑开后，我知道他不会像小时候那样跑回来，如同小狗一样在脚边转来转去，也便没什么念想儿了。再者，因为有了从绿石林到热带雨林成功单飞的经验，我心里也相对踏实了，于是转而收回了心神。

当目光回到自己内心的时候，突然发现此行特别想做的一件事是采蘑菇。最近几年的创作都与蘑菇相关，做了那么多意念中的蘑菇，是时候与它们奔现了。

不用给吉祥做向导了，我也卸下了担子，不再四处指指点点告诉他什么是四数木、绞杀榕、石斛兰，告诉他要注意毒树、毒草、毒花和毒虫，遂安心在热带雨林的林间空地寻觅蘑菇的影子，也的确发现了各种大大小小、形态各异的蘑菇（图1-13）。

当我把目光望向蘑菇时，神奇的事情就在那一瞬间发生了。原来，在我曾经不知不觉径直走过的森林里，一个无形的平行世界就在我的脚下。好几次，当我发现蘑菇时，时间似乎静止了，我体验到了与森林、自然不分彼此的合一，那种美妙的满足与幸福无与伦比，无以言表。

图1-12　他用背影告诉你：不必追

图1-13　回到森林采蘑菇

# 02

# 关于一朵蘑菇的宏大叙事

· 蘑菇的传奇　· 蘑菇猎人的宝藏
· 生命封印的解药　· 蘑菇里的异世界
· 红伞伞，白杆杆，吃完一起躺板板
· 绿色地球的守卫者

# 蘑菇的传奇

蘑菇是真菌的生殖器官，蘑菇之于真菌就像桃花之于桃树。真菌是蘑菇与菌丝体的总称。生活在地下的菌丝体是真菌的主要部分，蘑菇是真菌为了繁衍后代钻出地面产生和传播孢子的地表部分。

真菌是一种独立于动物和植物之外的生命体，品类繁多，自成体系，构成了庞大的独立王国。连专家也不能准确地说出全世界真菌的种类数量，据英国皇家植物园（邱园）的大卫·L. 霍克斯沃思教授估计，地球上的真菌约有220—380万种，而人类只认识其中的5%①。因此，对于人类而言，真菌在很大程度尚属于未知领域。作为地球生物圈中品类仅次于昆虫的第二大类群，真菌大家族中的大部分成员尚未现身，但这并不妨碍它们默默地为地球环境与生命循环做贡献。事实上，真菌的价值不可估量。

我们印象中的蘑菇是一朵朵可爱的小伞，但蘑菇形态多样，小伞绝不是蘑菇的全貌。除了伞形之外，蘑菇还有马勃类的球形、毛头鬼伞类的笔形、珊瑚菌类的珊瑚形、木耳类的侧耳形、羊肚菌类的脑形、喇叭菌类的喇叭形等。

世界上最大的生物不是海洋霸主蓝鲸，而是有着隐士气质的真菌，而有些真菌则小到甚至要用显微镜才能看到。

蘑菇的确是神奇的造物，它们可以是珍馐美味、餐桌极品；也可以让人

① [英] 英国皇家植物园邱园基金会：《菌菇博物馆》，颜晨译，甘肃少年儿童出版社，2021年，第8页。

飘飘欲仙，神游天外；在古老的东方和现代医学界，蘑菇是人类身体健康的良伴；不可否认的是，蘑菇还能够让人在意识清醒的情况下眼睁睁地看着自己的身体器官慢慢衰竭、腐烂，可谓毒之极品。

森林或草地上偶然出现的蘑菇圈散发着满满的童话感，让人拍手称奇。在欧洲传统文化中，蘑菇圈一般被认为是有魔法的仙女环，苏格兰人说那是仙女的桌子，威尔士人认为那是仙女的雨伞，有人相信那是从人间进入异世界的入口，另一些人认为有仙女在此跳舞聚会，而荷兰人和奥地利人却认为它是魔鬼和恶龙力量的化身……

古今中外，在全球各地的文化中，蘑菇一直是童话故事、神话传说、奇幻电影中的魔力担当。蓝精灵住的蘑菇小屋是毒蝇伞，马里奥和爱丽丝的奇幻之旅也始于蘑菇。

不仅如此，在现实世界中，真菌也蕴含着不可思议的能量。人类在喷发后的高温火山灰、大火肆虐洗劫后的森林灰烬中发现了蘑菇的身影；植物从海洋走向陆地离不开真菌的帮助；假如人类的生活中没有真菌，餐桌上少的不仅仅是美味蘑菇，还有面包、酸奶、美酒等诸多发酵食品；地球会因为缺乏真菌降解有机物而垃圾成山，进而在短时间内不可避免地成为妥妥的垃圾球；当今，白色污染的危害已经从陆地蔓延到海洋，而真菌可以快速吞噬污染物，还地球一片净土；在未来，真菌有望在衣食住行等各个领域替代不可降解的高污染原材料；或许在不久的将来，真菌会冲出地球，拓荒太空。

毫不夸张地说，正是传奇的真菌缔造了我们现有的世界，并且掌握着世界的未来。

# 蘑菇猎人的宝藏

## 1. 云南人餐桌上的宠儿

衣食住行是人类得以生存的四大要务，因此，面对蘑菇，人类首先想到的应该是果腹。的确，人类采集和食用蘑菇有着悠久的历史。考古发现，公元前1万年前，美洲的先民已经开始以菌类为食。在古老的中国，各种菌类从很久以前就已经是餐中美食。而云南人对蘑菇的爱，更是刻在基因里，蚀骨销魂也不能将其剔除。对了，不是蘑菇，而是菌子，云南人认为叫蘑菇是对菌子的侮辱，人工养殖的是蘑菇，山林中自然生长的、有天然香气的，那是菌子。

目前没有资料能够证明云南人吃了多少年菌子，但我相信一定是始于云南人与菌子彼此遇见的那最初一刻。资料可证，明代潘之恒就曾整理过食用菌指南，积集成册名为《广菌谱》，书中收录了云南境内的各类食用菌，并逐一详尽介绍。

云南气候多样，地貌丰富，从亚热带到寒带，从高原到河谷，从平坝到山区一应俱全，复杂的地理环境无疑是菌子狂欢的天堂。据考证，云南可食用野生菌的数量多达800多种，占全国野生食用菌的80%、全球野生食用菌的40%，是世界野生菌种类最多、产量最高的地区。

## 2. 木水花市场的美味菌子

短暂停留勐仑三天后，要离开西双版纳了，离开这方让人挪不动眼、脚、心、魂的土地，离开这片想融化在其中的绿色森林，离开弥散着傣家美味的傣泐金湾餐厅……

7月2日一早，我们乘坐在“西双版纳出行”小程序上预订的商务车，又是一位好心的司机，载着我们从春林宾馆直达西双版纳高铁站。云南人的心配得上这片红土地，总是那么宽容、温暖、柔软。在西双版纳站乘高铁到昆明南，酒店办理入住后，当天下午我们便去了久仰大名的木水花野生菌交易中心，想到马上就能亲眼看到各种美味菌子，心下按捺不住的小激动。

昆明的木水花野生菌交易中心是全国最大的野生菌市场。据统计，市场内的野生菌品类总计约260种。每年的6—9月菌子旺季，之后逐渐进入淡季，云南很多餐厅会在进入淡季前开始囤货，以便在没有菌子的时节一飨食客的味蕾。

听说木水花市场是24小时不打烊的，云南境内各地、州、市的菌子每天凌晨4—6点集中到木水花进行批发，上午9点、下午3点是菌子零售的开售时间。我们到达木水花市场的时间是下午3点左右，来得正是时候。

木水花更像一个规模不大，也不怎么规范的农贸市场，商贩将盛有野生菌的篮子摆放在地上，三三两两的没有固定摊位。在商贩此起彼伏的叫卖声中，菌子都乖乖地躺在篮子里，散发着红土地的独特芬芳，吐纳着森林深处清新而悠远的神秘气息（图2-1）。

出于各方面考量，我很理性地告诉自己不要买，只是用眼睛和手指拥抱一下心心念念的菌子。因此，一整个下午，我就像藏族人转经一样在市场里一圈又一圈地兜兜转转。偶尔触摸、拍照，倒也没有遭到卖家的拒绝，心里对云南人的好感又飙升了好几格，如此温暖的所在，怎不让人心生留恋。

市场上最常见的有鸡枞菌、黑牛肝菌、白牛肝菌、黄牛肝菌（黄癞头）、羊肝菌、白见手青、红见手青、干巴菌、鸡油菌、松茸、松露、羊肚菌、竹荪、红菇、青头菌、谷熟菌等。吉祥情有独钟的虎掌菌在木水花市场并没有找到，可能是我们来得不是时候。我想找的橙盖鹅膏菌也没有发现。当然，白毒鹅膏菌、毒蝇伞、黄盖鹅膏菌、大青褶伞等一众真菌中的毒枭，在食用菌市场是不可能看到的。但是，我渴望与它们不期而遇。

在市场，我发现了许多在我作品中出现过的菌子。我将它们一一捧在手心，与它们深情对望，就像江头江尾共饮一江水的恋人，为着短暂的小聚而欣喜，为着下一刻就要到来的分离而黯然神伤。确认过眼神，每一个都是我心中该有的样子，它们恰逢其时地出现在我的生命中，又像风一样逝去，毫无踪迹，仿佛从没来过。

看到黄牛肝菌的那一刻，便明白了它为什么被称为黄癞头（图2-2），因为它的菌盖上遍布皱皱巴巴的沟壑；想起了曾经吃过的红菇，那时候吃的红菇虽然是干的，但自小被教育颜色鲜艳的蘑菇有毒，因此初见红菇深沉而魅惑的桃红色时，还是让我心生些许戒备；红见手青菌盖底部是黄色的，有一种跟它类似菌子的底部为桃红色，当地人叫作羊肝菌。

木水花也有大名鼎鼎的松露售卖，但数量不多，因为被欧洲人视为极品的松露在云南并不受待见，有时候甚至被拿来喂猪。由于松露一般生长在地下二三十厘米的深处，很难被发现，而猪——特别是母猪对这种气味敏感且情有独钟，因此经常需要依赖母猪的嗅觉得以发现，然后靠猪鼻将其拱出地面，松露因此也被云南人嫌弃地称为“猪拱菌”。但在欧洲，松露华丽蝶变为“厨房里的钻石”，法国黑松露更有“黑钻石”的美誉。一位法国美食家甚至认为这种散发泥土芬芳的真菌可以让女人越发迷人，男人更具魅力。就像一千个人眼中有一千个哈姆雷特，一千个人眼中也有一千种松露的味道，松露经过不同人的味蕾会产生不同的味觉体验，因此没有人能精准定义松露的味道。但无论味道如何，也撼动不了它在西餐界神秘、显

图2-1　木水花野生菌交易中心的菌子们

图2-2　黄癞头

赫的地位。

松茸与牛肝菌、冬虫夏草、灵芝并称为“四大菌王”，后两者主要取其药用。虽然都带“松”字，虽然都是人间美味，但松茸与松露从外貌、口感到味道、功效都是不一样的。松露在欧洲备受青睐，松茸则在东亚的日本独享专宠。二者的另一个相同之处在于，对环境的要求非常苛刻，都很难人工培育。第三个相同之处在于，松茸与松露一样，在云南人的餐桌上是属于拿不上台面的末等野生菌。云南人称松茸为“臭鸡”，透露着对它满满的蔑视。自20世纪80年代以来，日本从中国大量进口松茸，中央电视台出品的美食类纪录片《舌尖上的中国》有一集曾经讲到，一朵产于香格里拉的松茸以80元的价格被收购，不到6个小时便会以近10倍的价格出现在日本东京市场上，可见主观思想或者说文化是多么强烈地影响人类的认知与行为。

在日本，除了成为美味，甚至发展出了松茸文化。松茸会作为珍贵之物出现在庄严的仪式上；人们采松茸时会戴上棉质手套以防手上的油脂破坏其口感，充满敬畏与爱；此外，日语中男性阴茎的俚语与松茸同音，因此古代日本宫廷女性不允许说松茸这个词；松茸甚至是生殖崇拜的对象，直至今日，人们仍然认为它对男性有伟哥一样的功效。

但事实上不待见松茸的不仅有云南人，1905年，挪威人阿克塞尔·布莱特在奥斯陆发现了这一物种，因为味道令他作呕，所以将其命名为“恶心”；美国著名真菌学家大卫·阿罗拉则认为松茸闻起来有脏袜子的味道。日本人当然不能容忍被他们视为国宝的珍贵松茸遭受如此侮辱，那简直是对大和民族的侮辱，通过多方周旋，日本最终如愿以偿取得了为松茸命名的权力，得以为其正名。

松露是欧洲宴席上最高贵的黑钻石，松茸在日本餐桌上大行其道，菌子大家庭更是流淌在云南人的血液中……蘑菇就像一道光，灵动着这个略显无聊的物质世界。从美食到致幻剂再到毒物，这个世界上还没有哪一个物种在人类世界扮演着如此多重的角色，令人迷惑的蘑菇为人类提供了看待生活的新视角。真菌的世界奇幻、多彩、神秘，后面我们会以云南的菌子为起点，掀开笼罩在蘑菇身上的面纱一角，聊聊蘑菇家族的那些事儿。

### 3. 过一把“先菌子、后小人”的瘾

从木水花出来后，我和吉祥到了事先预订的山菌王宝海店，计划用鲜到飞起的真菌火锅为野生菌之旅画上了一个完美的句点。火锅店外排着长长的等吃队伍，店内热气腾腾、菌香弥漫。在经历了漫长的等待之后，我们终于得以进店落座，随火锅一起上来的小闹钟最初并没有引起我的注意。火锅汤底烧开后，美味弥散开来，架不住上下翻腾的诱惑，想先小品一口，却发现没有筷子，心里嘀咕，为什么服务如此不周到还能这么火爆。就听邻桌一位当地人说，时间不到，他们不给筷子，以免菌子没煮够时间引起中毒，这才发现精巧的小闹钟正在嘀嘀嗒嗒地倒计时，遂释然（图2-3）。不知道你有没有发现，我们的生活中充满了这种看似偶然的提示，当你心中有疑惑或者问题时，当你在寻找答案时，答案总会恰逢其时地出现在你身边。

的确有些冒着“先菌子、后小人”风险试毒的感觉。谁知道锅里的菌子是绝世美味还是索命阎罗。嘀嘀嗒嗒的闹钟提醒我们，是此还是彼，就在这被我们全然忽视的时间中。而坐在菌锅旁的我们，就在生与死的边界游走啊！想起了莎士比亚那句名言：“To be or not to be, that’s a question.”果然，小闹钟倒计时结束的铃声即刻召唤来了服务员。望着服务员手里的两双筷子，我怎么都感觉那是判官手里的朱笔，大笔一画，我们就从死亡档案上消失了，这意味着我们还可以在人间或长或短地逗留。

又是一个不明就里的神操作，服务员从菌锅中舀了一汤匙菌汤到一个小圆盒子里，随即盖上盖子，贴上带编号的标签拿走了，搞得我们一头雾水。菌子的鲜香自不必言说，但说实话，我并没有感觉比平时吃的蘑菇更美味，

**图2-3　野生菌火锅**

可能是我的味蕾已经被常年的爆辣虐到麻木了吧，因为吉祥很显然吃得欲罢不能，在饕餮中已经期待下次。

吃完下到一楼，发现冰柜里整整齐齐叠摞着许多贴着编号的小圆盒子，一下子恍然大悟。饭店从客人餐桌的菌锅中取出一汤匙盛入带有标签的小圆盒，应该是预防万一，假如哪一桌发生食物中毒事件，可取对应样品进行化学检测，这应该是一种比较严谨的负责行为吧。

# 生命封印的解药

我的童年底片上，留存着电影《白蛇传》中白娘子盗取灵芝仙草的片段。剧中许仙听了法海教唆，在白娘子酒中下了雄黄，白娘子因此现出白蛇真身，许仙受惊昏死。白娘子不顾自己身怀六甲，到昆仑山盗取灵芝。彼时，幼小的我躲在父亲怀里心惊肉跳，从指缝可以窥见屏幕上大雨倾盆，白娘子与守护灵芝的仙童无休止地激战。在中国数千年的传统文化中，灵芝被认为是有着起死回生、长生不老功效的，因此被称为仙草。

就像日本的松茸崇拜一样，中国也发展出了灵芝文化。据《山海经》记载，炎帝钟爱的幼女瑶姬不幸夭亡，精魂化为神奇的仙草灵芝。在漫长的文明发展中，我们的先人赋予灵芝吉祥如意、富贵长寿等美好寓意，灵芝逐渐演化成祥瑞符号，形成了中华文化中特有的灵芝崇拜。

1927年，英国细菌学家亚历山大·弗莱明（Alexander Fleming）偶然在霉菌中发现了世界上第一种抗生素——青霉素，弗莱明因此获得了诺贝尔奖。现实中，蘑菇的确不仅丰富了人类的餐桌，为人类提供营养，而且能在关键时刻救人于水火之中。继弗莱明之后，人们陆续发现了数十种可以杀死致病细菌的真菌。它们的出现使得足以致命的细菌感染迎刃而解。此外，一些从真菌中提取的成分可以用来对抗癌症、心血管疾病、精神疾病等人类健康杀手。到目前为止，对人类而言最重要的约20种药物中有半数出自真菌。这就意味着，假如真菌不存在，相当数量的人将无法摆脱病痛的折磨。

把真菌当作药物在中国有着悠久的历史。按照传统中医药理论，一些真菌可以增强和保护人类自身的免疫系统，这些应用为西方现代医药学研究打开了通往新世界的大门。目前，科学家已经证实，从真菌中可以提取到强效抗生素或能治疗癌症的药物。灵芝已被中医使用了大约4000年，现代医学将其应用于化疗等癌症治疗方案中。临床研究证明，灵芝可以让化疗药物更好地发挥作用，缩小并终止恶性肿瘤；使用鹅膏肽治疗癌症近年来也成为医学研究的热点；冬虫夏草是一种奇妙的寄生真菌，孢子寻找特定宿主，在宿主体内生长，不可思议的繁殖方式使其看上去就像科幻小说里的奇幻生物。研究发现，冬虫夏草素能够阻止癌细胞制造多A尾，从而阻断癌细胞聚合，以此对抗癌细胞扩散；香菇体内的香菇多糖能增强人类受损的免疫系统，从而抵抗感染；平菇中的牡蛎菇能产生洛伐他汀化合物，可自然降低胆固醇，从而降低血压，减少心脑血管的发病概率；猴头菇（狮鬃菇）能够刺激大脑的神经生长因子，帮助人类应对阿尔茨海默病；裸盖菇素近些年的医学价值也迅速飙升，被广泛应用于阿尔茨海默、精神分裂等疾病的治疗，2019年被美国FDA[①]批准用作治疗重度抑郁症和药物抵抗性抑郁症的突破性疗法。

真菌能深层次影响人类细胞，促进健康细胞生长，这使得真菌成为无可替代的人类健康卫士。然而遗憾的是，人类对真菌及其作用知之甚少。仅在我们居于其间的城市里，就有90%的真菌尚属未知，森林里的未知真菌更是占到了99%，而它们中间可能有很大一部分是新药物的潜在来源。事实上，真菌不仅与人类关系密切，甚至与整个地球生态系统水乳交融。可以说，真菌界潜藏着关于地球和人类未来不可估量的巨大可能性，伟大的秘密就蛰伏在人类脚下，而我们却未可知。

①FDA是美国食品药品监督管理局（Food and Drug Administration）的简称。

# 蘑菇里的异世界

吃蘑菇会导致三种结果，一是营养身体，二是神经致幻，三是一命呜呼。因此，蘑菇的致幻作用与它作为餐桌极品应该是在同一个时间节点被发现的。

“凉拌见手青”是云南人食用野生菌的流行梗。见手青属于牛肝菌的一种，云南境内最常见的是红见手青、白见手青，前者学名兰茂牛肝菌，后者学名玫黄黄肉牛肝菌，云南人俗称红葱菌、白葱菌或红葱、白葱。见手青是蘑菇界微毒的绝世美味。据说烹饪不当会令食者“见小人”。在云南当地，如果有人问你“今天吃凉拌见手青了吗？”不要傻傻地以为他是在关心你吃了什么，事实上他是在暗戳戳调侃你不作不死或举止怪异。

在《爱丽丝梦游仙境》《超级马里奥》以及其他一些文学或影视作品中，蘑菇是连接现实世界与非现实世界的介质。当然，可以致幻的蘑菇不仅仅是毒蝇伞和见手青。致幻菇是真菌王国中最为另类的存在，有人认为它们扩展了人类意识的边界，是通往未知世界的钥匙。或许，就像电影《哈利·波特》中的那面厄里斯魔镜，致幻蘑菇能够使人看到自己内心深处最迫切、最强烈的渴望。

## 1. 致幻蘑菇的过往

1994年冬，我上大学的第一个寒假，奶奶去世了。去世前她告诉我，她一直在等我回家。那晚，她的手在我的手里越变越凉，最终就像睡着了一样，寂静无声。那一刻，我知道，奶奶离开了。尽管她看上去还好好地躺在那里，但我心里明确地感知到，那已经不是奶奶了。所以，奶奶是那具肉身？还是那看不见摸不着的意识或灵魂呢？

我们生活于其间的世界是二元的。人类由物质的肉身与非物质的意识组成，一旦意识离开身体，肉身便成为纯物质的存在了。人类是具有感知到非物质世界的能力的，也据此创造了璀璨而魅力无穷的文化，古代人类的信仰、艺术、医药、语言、文学以及各种宗教仪式都是人类意识的载体。意识需要物质载体得以显化，因此人类首先要喂饱自己，解决衣食住行等当下问题，解决生殖繁衍等存续问题。作为一个实实在在的生命体生活在现代社会里，仅仅是好好生存便足以让人疲于奔命、心力交瘁，属于非物质领域的意识因此被束之高阁，就像一头搁浅的鲸，让它生而为王的海洋近在咫尺，它却只能一步步向死亡之门退却。

意识的大门背后隐藏着一个陌生的世界。但打开这扇门的钥匙却被尘封，需得如老子、庄子所言聚气凝神、心无杂念、澄怀坐忘、涤除玄鉴、道我合一，需得像印度修士般进入瑜伽态，才能一窥另一个世界的真容。

在与蘑菇的不断交锋中，人类逐渐发现有些蘑菇可以帮助人类打开意识的大门，他们将具备这种功能的真菌称为致幻蘑菇。目前已知的致幻蘑菇有200多种。考古学家的发掘与人类学家的调查表明，历史上世界各地原始宗教的巫师都曾经将致幻蘑菇作为主持仪式时的介质。从远古时期开始，蘑菇在让人大快朵颐、治愈人类疾病的同时，还激发了人类通往另一个维度的潜在能量。

世界各地广泛存在着食用致幻菇的传统与习俗，对于真菌与意识世界、宇宙奥秘、生命意义之间的联系，人类的探索遍布全球且由来已久——中南美洲的墨西哥、危地马拉、秘鲁、古巴等地，非洲的几内亚，亚洲的加里曼丹岛、印度，欧洲的西伯利亚、北极圈附近部落的宗教仪式中，经常伴随有致幻蘑菇的影子。让我们跨越山海，用时间串联起致幻蘑菇在人类文化中的快照。

考古发现，蘑菇的身影早在公元前9000年前的北非岩画中就曾经出现过；西班牙塞尔瓦帕斯库拉洞岩画中也于6000～8000年前留下了蘑菇的踪迹；阿尔卑斯山上5000多年前的木乃伊腰包里发现了蘑菇碎片；阿尔及利亚北部撒哈拉沙漠5500多年前的塔西利–恩–阿耶洞窟的萨满舞蹈图中，戴有蜜蜂头饰的萨满手持大小不一、形态各异的蘑菇，环绕身体周边的是一圈整齐排布、圣光笼罩的小蘑菇（图2-4）；考古学家在4600年前的古埃及象形文字中发现了关于蘑菇的记载；在危地马拉的玛雅遗迹发现了始于3000年前且时间跨度极大的数百件蘑菇石，蘑菇石是古代玛雅文明的遗物，玛雅人敬其若神明，它们状如蘑菇，高约12厘米～17.5厘米，分别代表月亮女神、虎、鸟、猿、兔和蛇等萨满神，体现了玛雅文化中的蘑菇崇拜；同属美洲的墨西哥维拉克鲁斯距今2000多年的陶器上出现了人们面对蘑菇虔诚祷告的画面……

20世纪50年代，法国巴黎自然史博物馆的霍夫曼·海姆（Hoffman Heim）发现了古玛雅人的蘑菇崇拜，他的报告不仅引起了真菌学界的注意，还让医学、考古学、人类学、人文学甚至神学领域的专家学者大为震惊。致幻蘑菇自此登上了人类的现代舞台，在西方掀起了致幻菇热。让致幻菇在现代大放异彩的另一位重要人物是戈登·沃森（Gordon Wasson）。他所著的《寻找“魔”菇——致幻蘑菇的历史踪迹》向人们展现了蘑菇的神秘世界，激发了人们寻找致幻蘑菇的狂热。在《蘑菇，俄国及其历史》中，沃森描述了西伯利亚西部和北部的通古斯人和雅库特人对致幻蘑菇的崇拜；有学者甚至在著作中言之凿凿地论证对致幻菇的崇拜是犹太教、基督教信仰的基础。

## 2. 致幻蘑菇界的角儿

让云南人产生幻觉的是当地盛产的见手青，除此之外，致幻菇界的名角儿非毒蝇伞和古巴裸盖菇莫属。

（1）毒蝇伞中了童话的毒

在一众致幻菇中，最具标志性的一定是外表美丽的毒蝇伞。毒蝇伞最早出现于6500万～258万年前的西伯利亚白令地区，之后逐渐传播到包括亚洲、欧洲和美洲在内的广大地区，如今，从西伯利亚寒冷的白桦林到中美洲的热带雨林都有它的身影。毒蝇伞鲜艳夺目的色彩、呆萌可人的造型曾经承载了多少人的童年梦想，又成就了多少童话的美好（图2-5）！

图2-4　塔西利-恩-阿耶戴着蜜蜂头饰手持蘑菇的萨满教巫师

图2-5　毒蝇伞

毒蝇伞菌盖有红色、黄色、白色等多个变种。最常见的毒蝇伞菌盖为红底白点，菌褶、菌柄、菌环、菌托皆白色，红白相间，颜色热烈且对比分明，让人过目难忘。小时候，每每听那首著名的儿歌《采蘑菇的小姑娘》，脑海中浮现的一定是一个头戴小红帽、身穿红白相间连衣裙的小姑娘在蹦蹦跳跳采毒蝇伞的画面。

在西方基督教国家，红色和白色是圣诞节的专属色，圣诞老人的衣服、帽子、圣诞袜以及圣诞树上的礼品盒都是红白两色，因此很多人认为圣诞节与毒蝇伞有着某种关联，而驯鹿飞升也被认为是毒蝇伞作用于意识的意象性表达。时至今日，用蘑菇状饰品装饰圣诞树仍然是北欧许多地方的传统。

在古印度，有着“众神之王”“宇宙之王”之称的印度教神祇因陀罗，因嗜饮苏摩酒，又被称作“饮苏摩酒者”。苏摩酒作为神祇的甘露，可赋予饮用者超自然之力或永生之力，有研究者认为苏摩就是毒蝇伞，因为书中对其外形和功效的描述与毒蝇伞高度吻合。据统计，《梨俱吠陀》中赞美毒蝇伞的颂歌多达1000多首。

霍夫曼·海姆在危地马拉发现的玛雅古抄本中画有一只握蘑菇的手，蘑菇外形与毒蝇伞十分相近；戈登·沃森在《索玛——不朽的神蘑菇》中认定古印第安人崇拜的主神之一索玛（Soma）是毒蝇伞的显化，沃森还发现西伯利亚民间至今仍然保留着在狂欢节晚上吃毒蝇伞的习俗；《被崇为神物的蘑菇和基督教》一书的作者阿格利温认为在犹太教和基督教中，至今仍有不少把毒蝇伞作为圣物来崇拜的信徒。

毒蝇伞含有致幻成分毒蝇碱，人食用后一刻钟左右便可进入幻觉状态。据食用者描述，所看到的东西都被放得很大，在医学上将这种症状称为“视物显大幻觉症”。有实验证明给猫食用毒蝇伞后，老鼠在猫的眼睛里就成了庞然大物，以至于猫因为害怕老鼠而狼狈逃窜。与毒蝇伞作用相反的是云南人爱不释手的见手青，见手青具有“视物显小幻觉症”，当地人称“见小人”，据说食用见手青后会看到高度不足一尺的小人上蹿下跳，时而从四面八方蜂拥而来，时而又飘然散去。爱丽丝梦游仙境的时候一会儿变大一会儿变小，从科学角度来说是毒蝇伞与见手青交替作用的结果。

（2）致幻蘑菇界的扛把子——古巴裸盖菇

中南美洲不仅盛产毒蝇伞，还有致幻作用更加强烈的墨西哥裸盖菇、阿兹特克裸盖菇以及古巴球盖菇等，是世界上出产致幻菇最集中的地区。其中的古巴裸盖菇是一种强劲的致幻蘑菇（图2-6）。食用古巴裸盖菇会导致通感现象，比如听到颜色、看到音乐等。

在中南美洲的阿兹特克文化时期，人们信奉的羽蛇神是风和空气之神，也象征着生命与繁殖。阿兹特克人认为裸盖菇是羽蛇神伤口流出的血化生而成，纳瓦特语称这种致幻菇为“提奥那纳卡托”，意即“神之肉”。

图2-6　古巴裸盖菇

早在3000多年前，生活在南美丛林里的玛雅人就对致幻菇的神秘力量充满敬畏。他们会在举行宗教盛典时将裸盖菇泡在酒里，参与祭祀活动的人喝了之后便能享受无极之乐。玛雅人将这种幻觉视为神的恩赐与启示，认为它能将灵魂引入天堂，是具有无边法力的神圣之物。

除上述毒蝇伞和古巴裸盖菇外，我国境内还有一种生长在粪堆上的致幻菇，民间称作狗尿苔，分布于东北、西北、华北以及台湾等广大地区，青藏高原尤为多见。人们误食狗尿苔后，会手舞足蹈，狂笑不止，故也称其为“笑菌”或“舞菌”。此外，在日本的古书中还载有“舞菌”的故事：有几个因为迷路而饥肠辘辘的樵夫看到路上一群尼姑不停地手舞足蹈，他们见路旁有煮熟没吃完的蘑菇，便美美饱餐了一顿，结果也不由自主地加入乱舞的行列。

## 3. 来自平行世界的救赎

致幻蘑菇为什么能使人产生幻觉？研究发现，在人的大脑和神经组织中存在一些特殊的化学物质，这些物质是神经传导的介质，借助它们，大脑可以把从外界获得的信息进行脑细胞传导，它们担负着调节神经系统功能和代谢的任务。而致幻蘑菇中毒蝇碱、裸盖菇素的分子结构与人类自带的5-羟色胺等物质极其相似，可增强神经的传导和代谢功能，令食用者产生离奇古怪的幻象。简言之，致幻菇中所含有的致幻剂能提高大脑感知系统的活力，激发食用者的潜在意识。

随着人类文明的演变，原始宗教逐渐式微，崇拜和食用致幻蘑菇的风俗也几乎尘封在历史中。然而现代医学、心理学的发展却使得脑科学家、精神病理学家等对致幻蘑菇的兴趣与日俱增。在弄清致幻蘑菇的化学成分和致幻机理之后，其潜在的药用价值也引起不少学者的研究兴趣，他们希望通过现代医学手段，使其能够在身心疗愈中发挥积极作用。

20世纪50年代，霍夫曼·海姆关于致幻蘑菇的报告让人们重新审视它的药学意义。精神病学家对LSD[①]、裸盖菇素以及其他致幻剂的研究风靡一时，因为它们似乎能够改变患者看待世界的角度，使患者克服酗酒和上瘾等不良习惯。后来，由于越南战争中致幻剂的不当使用，欧美国家开始对其严格管制。1968年，裸盖菇素等致幻剂被归为毒品，与海洛因和可卡因属于同类，并在美国被宣布为非法。这直接导致哈佛大学等机构针对精神活性物质的研究中断。近些年，在有关部门的严密监督下，对裸盖菇素等致幻剂的研究逐渐恢复。相较于20世纪60年代，近期的研究方向主要集中在更实际的医学用途上，比如作为戒烟、抑郁症、创伤后应激障碍、酒精中毒、偏头疼等的辅助治疗，帮助癌症晚期患者消除对死亡的恐惧等。目前，这些研究成果在治疗中陆续取得了积极效果。

癌症仿佛是游荡在人群中的死神，人人谈癌色变。研究发现，人的心理会影响身体的健康状况，很多癌症病人不是死于癌细胞的攻击，而是死于对癌症的恐惧。《柳叶刀》中的一篇文章认为超过40%的癌症患者会身陷与癌症相关的焦虑、抑郁等心理困扰。他们常常会感到绝望，对死后会发生什么感到恐惧。这些负面心理大大降低了癌症患者的生活质量和治疗效果，提高了癌症患者的自杀率和死亡率。与之相关的心理疏导周期长且收效甚微，而传统的药物辅助治疗则可能会导致患者成瘾，甚至产生其他副作用。

针对这种状况，美国纽约霍普金斯大学医学院与纽约大学的研究团队展开了一系列的临床研究，得出了类似的研究结果：服用相应剂量的裸盖菇素能迅速缓解癌症患者的焦虑和抑郁，让患者感觉生命变得有意义，改变患者对死亡的认知，从而有效缓解癌症患者的负面心理，其作用时间可持续8个月之久，且没有包括依赖性在内的任何副作用。二者的研究结果刊登在同一

---

①LSD全名为“麦角酸二乙胺（Lysergic acid diethylamide）”，由瑞士化学家艾伯特·霍夫曼（Albert Hofmann）从变质黑麦中提炼合成的一种化学物质，是一种具有强烈致幻作用的精神类药物。

期《精神药理学杂志》上。

首位接受这项实验的是一名罹患卵巢癌的女性，尽管针对癌细胞的药物治疗效果良好，但她一直身陷担心复发的恐惧与焦虑中，自述那种状态就像一直在等待另一只靴子落地。她参与了纽约大学通过服用裸盖菇素对抗抑郁和焦虑的实验，在纽约大学牙科学院青石中心医疗人员的指导下，她服下了相应剂量的药片，接下来的约40分钟内，作为一个无神论者，她感觉自己沐浴在超自然的爱之中。这种感觉消失后，她的恐惧、抑郁、焦虑也消失了，并且再没出现过。

研究人员认为裸盖菇素对于大脑的作用机制与瑜伽冥想的效果类似，而我们也能在古老的经典中找到相关描述。

数年前，我曾经听过印度瑜伽士萨古鲁的TED演讲。萨古鲁全称萨古鲁·加吉·瓦殊戴夫（Sadhguru Jaggi Vasudev），被誉为高瞻远瞩的人道主义者和环境保护主义者，在印度和西方有着极大的影响力。他在演讲中谈起自己的冥想体验，在印度查蒙迪山的一块石头上，他突然察觉到所有的东西都成了他，而他则成了所有的一切——坐着的石头、呼吸的空气、周围的环境都与他融为一体，不分彼此。

这种经历与挪威人类学家龙·利特·伍恩（Long Litt Woon）在《寻径林间：关于蘑菇和悲伤》中记录的一位年轻人服用致幻蘑菇后的感受如出一辙。据那位年轻人描述，彼时，他坐在山上眺望奥斯陆，感觉城市是他的一部分，他也是城市的一部分。

成书于战国时期的《庄子》在《齐物论》篇里讲了一则“吾丧我”的故事：“南郭子綦隐机而坐，仰天而嘘，嗒焉似丧其耦。颜成子游立侍乎前，曰：‘何居乎？形固可使如槁木，而心固可使如死灰乎？今之隐机者，非昔之隐机者也？’子綦曰：‘偃，不亦善乎而问之也！今者吾丧我，汝知之乎’？”[①]一

①陈鼓应：《庄子今注今译》，中华书局，2001年，第33页。

天，有位叫南郭子綦的人靠着茶几坐着，若有所失，若有所得，神情寂然。他的侍者很奇怪，问道："今天坐在这里的你不是昨天坐在这里的你了，为什么呢？"南郭子綦说："你说对了，'我超越了以往对事物心存成见、被各种利欲束缚的偏私的我执，而得到了可以'驾云气游于天地之内'的'大我'，即'道'。"

在医生指导下，一些实验参与者在服用裸盖菇素后能够体会到不可名状的超常感觉：食用者感受到致幻剂仿佛使他们身处心中的圣殿，在其中可以瞻仰宇宙的神奇；致幻剂能帮助他们更清楚地看待世界，更加敏锐地感受世界的微妙；他们认为致幻剂打开了内心一个极富创造性的领域；致幻剂带来的体验颠覆了他们对死亡的看法，让人不再惧怕死亡；他们仿佛置身于无限的时空中，在那种状态下，心是完全敞开的，自身是有价值的；他们能够体会到爱与被爱，认为大自然其实就是被称作爱的东西；此外，毫无意外的是，他们感觉到自己与这个宇宙的每一个原子都以一种有意义的方式连接起来了。但事实上，体验者普遍认为那种体验无法通过任何语言精准描述出来。这又让我想起《老子》中提到的"道可道，非常道。名可名，非常名"。

我们能否在上述现实之间找到一些共同之处呢？是什么样的机制，让不同时空中的人产生了相类似的体验呢？如果人人都能体验到"吾丧我"，如果人人都能体验到整个地球都是自身，还需要提醒他们如何爱邻如己、如何善待环境、如何保护地球吗？

人的认知障碍如同镜子上的灰尘，如果能够做到如禅宗大师神秀所言"时时勤拂拭"，便能拨云见日、洞彻真正的现实，那么人类将会回到最初的花园，那里是东方人的桃花源，西方人的伊甸园。由人性的黑洞带来的战争、犯罪、污染、浪费皆可避免，因为万物皆我，我即万物。反之，如果我们在如何对待他人、如何对待环境的问题上分不清轻重缓急，人类必将自取灭亡。

柏拉图著名的洞穴寓言讲到，一群被束缚手脚、无法移动身体的囚犯背对着洞口坐在洞穴深处，身后的火将他们的影子映照在洞壁上，囚犯普遍认为影子就是真实。后来有人走出洞穴，当他看到真实的世界之后，便认识到影子只不过是幻象。一个洞见真理的人会重新回到洞穴，沉湎于眼前的影子吗？致幻剂的药力消退后，对人产生的正面影响却能长期存在，是否源于对于真实与虚幻的洞见呢？我们习惯于将目之所见称为真实，但反观古往今来，究竟该如何看待我们称之为真实的东西呢？

需要指出的是，致幻剂所产生的影响并不全是正面的。挪威奥斯陆大学生物科学学系的克劳斯·霍兰德（Klaus Holland）教授认为，致幻蘑菇中的脱磷酸光盖伞素和裸盖菇素在分子结构和服用效果方面都与LSD类似，会对人的中枢神经系统产生直接影响。由于大脑正常功能的改变，会导致感觉、情绪、意识或行为的短期变化。在药力消退后的很长一段时间，各种感觉可能仍然存在，人有可能会变得混乱，对光、声音和气味的感知异于常人。毕竟，关于致幻蘑菇如何影响大脑和精神状态，人类仍然知之甚少。

# 红伞伞，白杆杆，吃完一起躺板板

## 1. 云南“试毒大会”上的“菇勇者”

一路逆行到历史的纵深处，我们会发现，古往今来人类对蘑菇一直情有独钟且深度迷恋。蘑菇就像来自异世界的精灵，要么幻化为餐桌上的珍馐美味滋养人类的身体，要么作用于神经系统让人进入不可言说的世界，要么直接让人中毒身亡。但无论如何，最终，它们会帮助人的肉身化为腐土，进入地球生命网的下一个运化环节。

蘑菇可以满足人的胃口，可以治愈人类的病痛，可以让人“嗨”到飞起，也可以让人命归黄泉。据统计，全球每年大约有5万～10万人因蘑菇中毒而身亡，其中90%的蘑菇致死病例由毒鹅膏和鳞柄白鹅膏引起。我国已知毒蘑菇有400余种，全国各地均有分布。6—9月份是蘑菇的盛产期，同时也是蘑菇中毒的高发期，高发地域主要集中在云南、贵州、四川、湖北、湖南、广西、广东等地。新冠肆虐的2020年，云南吃野生菌中毒死亡的人数超过病毒感染导致死亡的人数，这是云南人吃菌子中毒的另一项新纪录。

云南野生菌中有毒与可食的品类数量相当，可谓不分伯仲。每年，云南境内都会发生数百起因为食用野生菌中毒的事件，但这丝毫阻挡不了云南人吃菌子的热情。正因如此，菌子季也被称为云南人的“试毒季”。

“不管是因为什么中毒，菌子都是无辜的”，可见云南人对菌子爱得深。云南人如果吃菌子中毒，从来不会怪罪于菌子，只怪自己油没有放够，或者烹饪时间不够长，总之是自己的误操作导致的。

当然，毕竟人命关天，吃菌子也需要做好全方位的准备，最重要的是“吃菌三熟”：一是对菌子的种类要熟，二是菌子要做熟，三是去医院的路要熟。

曾经见过这样一个云南人的朋友圈：

“早上捡了这么多菌子（晒图）。”

“味道不错！”

“菌子中毒，来医院了！”

“应该是没弄熟，再回锅一下。”

“又来医院了……”

还原一下，会得到这样一个故事：几个朋友相约吃见手青，然后相约中毒住进医院，回头想了下，确定是由于见手青没做熟，于是从医院回家后，几个人再次相约把之前吃剩的见手青回炉再做，然后，几个人又相约住进了医院……

“红伞伞，白杆杆，吃完一起躺板板”的民谣道尽了云南人作为“菇勇者”的执念。吃菌吃到中毒，中毒了爬起来接着吃，透露着云南人因为放不下菌子而看得开生死的豪迈。尽管鸡枞菌、青头菌、竹荪以及黄、白、黑、红各色牛肝菌足够云南人大快朵颐，也都是云南人的心头好，但他们尤其中意食用菌中最毒的见手青！他们的味觉暗戳戳诱导他们，越毒越香。

## 2. 索命阎罗菌

小时候，大人告诉我们，颜色鲜艳的蘑菇不能碰，因为越是颜色鲜艳的蘑菇越有毒；后来，身边的同龄人告诉我们，昆虫或动物吃过的蘑菇不会有毒，还有人善意地提醒银制品接触会变色的蘑菇有毒，另一些人则告诉我们在烹饪时加入大蒜会解毒。然而，事实是，鲜艳的蘑菇不一定有毒，不鲜艳的蘑菇也不一定没毒；有些东西对人是有毒的，但对动物而言却没有毒性；银勺试毒也毫无意义，因为银只针对某些特定的元素产生变色反应；而大蒜解毒纯属无稽之谈。

在无知者无畏的年纪，出于对山林的向往，我曾经怀揣一口小锅，去到离家很远的国家森林公园里采蘑菇。那时候对蘑菇的认知基本就停留在色彩鲜艳的蘑菇有毒的层面。快乐地采蘑菇，简单水煮之后便开始享用美味，但理想很丰满，现实很骨感，是一锅带苦味的蘑菇汤，野餐遂草草收场。后果是当天在剧烈的肠胃反应中度过，上吐下泻几乎不能离开洗手间半步，人被折腾到虚脱，后来到医院做了各项化验，证明血液感染，随即打了吊瓶，才慢慢好转。现在想来，是上天又一次在冥冥中保护了我，让我免于命丧毒菇。

也是因为那次经历，我一直单纯地以为，吃蘑菇中毒的标准场景是这样的：吃了足够量的毒蘑菇，餐后眼球上翻，口吐白沫，倒地身亡。但事实上蘑菇毒素种类繁多，不同类型的毒素会引起不同的中毒反应，中毒反应显现的时间长短是区分不同中毒类型的重要指标。

不同毒蘑菇内含不同毒素，一种毒蘑菇也可能包含多种毒素。不同毒素对人体造成的损害是不同的，常见的蘑菇中毒有7种类型，分别是急性肝损害型、急性肾衰竭型、横纹肌溶解型、胃肠炎型、神经精神型、溶血型和光敏性皮炎型。其中最常见的是胃肠炎型，急性肝损害型则是致死率最高的类型。

最严重的蘑菇毒素损害通常具有较长的潜伏期，也就是说从食用蘑菇到出现中毒迹象之间有着较长的周期。有些蘑菇所含的毒素会引起急性肝肾损伤，极小剂量便足以致命。有一种奥来毒素对肝脏和肾脏都有损伤，但这种毒素对人体的影响却是在食用者毫无感觉的情况下悄然发生的。食用者吃完后若无其事地正常生活，对即将到来的死亡浑然不知，两周之后的某一天，肾脏会突然衰竭，这时候大部分的医疗手段已经束手无策，只能眼睁睁看着食用者迅速滑向死亡的深渊；蘑菇毒素导致的横纹肌溶解会使人体的骨骼肌遭到破坏，导致红细胞破裂，体内大量溶血；攻击肠道的毒蘑菇会在短时间内引起呕吐、腹泻等症状，但这类中毒的危险程度反而是最低的。

预防蘑菇中毒最根本的解决方案就是对蘑菇的外形、颜色、气味等有足够的了解，然而许多毒蘑菇与可食用蘑菇的外观没有明显区别，这正是引发中毒的主要原因。孢子印可谓菌类的身份证，是区分蘑菇可食还是有毒的关键要素，每种真菌孢子印的颜色都是独一无二的，一些在外观上极为相近的菌类可以通过孢子印的颜色进一步确认其身份，不过这种鉴别蘑菇的方法并没有在采食者中得以广泛普及。

不同蘑菇体内物质的巨大差异导致其对人类的影响有着天壤之别，有的味美，有的致幻，有的剧毒。有些有毒的蘑菇经过有效加工后可转化为无毒的美味，有些毒蘑菇在导致人类中毒的过程中有凶险的假愈期，最初的中毒症状逐渐消失，呈现出好转态势，然而一段时间后再度恶化，导致身体脏器衰竭，错失治疗时机。

不得不承认，对人类而言，蘑菇在很大程度的确还属于一个未知领域，然而人类又那么难以抗拒它们神秘莫测的魅力。一口下去，谁也不知道是满足了口腹之欲，还是让人飘飘欲仙，甚或是直接灵魂飞升。

蘑菇的不可知是否足以让人类反思自身的渺小？因为即便如真菌般微

小的生命体，也要比人造的庞大计算机系统更为复杂，而当我们意识到宇宙中的星球有数万亿之多，是否会对生命和万物心存敬畏？如果我们能充满敬意、饱含爱意地出入山林，世界一定会多出许多美好。

# 绿色地球的守卫者

10亿年前，真菌是地球上最早的拓荒者之一。数据表明，菌丝体蔓延过程中对周边产生的压力比汽车胎压还要大100倍，这足以帮助它们深入岩石缝隙，把岩石粉碎成土壤，为植物生长创造条件。现代人也吃惊地发现，蘑菇在生长过程中甚至可以顶开坚硬、厚实的柏油路面。

大约5亿年前，地球上几乎所有生物还都生活在海里，一些海藻作为先遣部队开始从海洋移居到陆地的淡水水域。移居陆地的海藻需要土壤的滋养，而真菌庞大的菌丝体能够在土壤的缝隙间穿梭，深入所有可能到达的空间，帮助藻类进行必要的养分交换。真菌与藻类之间达成互惠互助协议，二者彼此共生，藻类得以在陆地立足，陆生植物由此开辟了新的生长空间，开启了新的演化之路。这最终引发地球生物的大爆发，使地球变成了生机盎然的绿色星球。

## 1. 蘑菇缔造绿色地球

为了完成物种繁衍的使命，蘑菇会在短时间内释放出数千万甚至上亿的孢子，通过孢子的传播，真菌可以落到其他适合生长的基质拓展其生存领域。一旦完成繁殖工作，蘑菇的菌盖和菌柄就会迅速凋亡。

真菌的真身是深入地下庞大而密集的菌丝体。菌丝体能延绵数平方米，甚至数公顷。这些丝状物可以不断分支，朝各个方向三维立体地蔓延生长，拓展生存空间。从理论角度来讲，只要营养充足，菌丝体可以一直活着，这也是为什么世界上最大最古老的生物体是蘑菇的原因。世界上最大的生命体是生长于美国俄勒冈州马卢尔国家森林公园的巨型奥氏蜜环菌，占地面积近9平方公里，而且至今仍在生长。据称，这一蘑菇的年龄至少在2400岁左右。这么巨大而长寿的生命体，倚靠地下菌丝体的蔓延，成为地球上妥妥的霸主。

在我们看来，植物茕茕孑立，彼此之间似乎没有交流。除了鸟儿会在树上筑巢、蚂蚁等昆虫会在树干上爬上爬下之外，植物与地球上的其他生命体之间好像没什么互动。但事实上，它们彼此之间会组成强韧的族群，用以分担压力，分享养分。在这一过程中，蘑菇起到提高植物团队行动力的作用，它们的速度与能量使得事情以极快的速度发生激变，这无疑会使生命生存的机会最大化。

菌丝体能够与周围植物建立紧密的共生关系。首先，凭借自身强大的穿透力，菌丝之间会彼此连通，形成密集的网状系统。菌丝体在蔓延的过程中会寻找树根，缠绕其根部末端，进而渗入根的内部，二者共生形成菌根，菌根延长、扩大了植物的根系，共同构建了远比植物根系更为密集且分布范围更广的网络。菌根可以帮助植物更高效地吸收土壤里的水分和营养物质，为植物在远端获取生存所需提供更大的可能性。在此基础上，树木可以通过菌丝体和另一棵树交换养分，使得彼此互相滋养。

通过地下的秘密交易与亲密合作，真菌和植物之间建立起了一个互通有无的营养交换区。菌丝为植物提供水与矿物质，植物通过光合作用制造糖分，其中的20%～40%提供给真菌。真菌与植物的根部就这样亲密合作，逐步创造出整片草地和森林。整片森林也通过真菌连接成一个庞大的网络，彼此互通有无，交流生长与繁衍所需的一切。数据表明，自然界90%的植物依靠这种互相依存的生态网络生存。

真菌还能通过自身产生的消化酶降解被污染的土壤，为植物提供防御性化学武器，使其免遭病害、寄生虫或其他污染物的侵害。

真菌仿佛是整座森林的神经系统，引导森林成为一个有智慧的生命体。研究表明，菌丝体形成的网络与人类大脑用电解质和电子脉冲传递信号的方式差不多，但菌丝体网络比人类大脑所有的神经还要多。在真菌的战略部署下，森林不仅只是一大堆树，而是各个物种以合作共赢的方式进行整体运作，就像一个完整的生命体一样。换言之，如果没有真菌，即使少数植物能够勉强幸存，为了节约利用周边的有限资源，也只能尽量抑制自己的生长。正是在真菌网络的连接下，地球才变得青葱繁茂、充满生机。

## 2. 假如地球上没有蘑菇

除了毒蘑菇能置人于死地之外，霉菌或致病真菌通常会让人联想到腐败和死亡。的确，部分种类的真菌会给人类带来疾病，例如曲霉菌会侵犯肺部，隐球菌能引发严重脑膜炎。从这个角度来说，真菌的消失能让数百万人免受病痛的折磨。此外，没有真菌，卫生间或食物将不再被霉斑覆盖，一些人也可以告别头皮屑和足癣的困扰。对动物界而言，真菌的消失似乎是件好事——至少有120种两栖类动物不会因感染壶菌而灭亡，已导致600万只蝙蝠死亡的白鼻综合征也将不复存在。

然而，一旦真菌消失，整个地球将会有大麻烦。

首先，本该万物复苏的春天，小草枯黄，花朵隐匿，因为大部分的植物依靠真菌生存；其次，真菌扮演着生态系统清道夫的角色，它们以有机物为食，分解并循环利用有机物，把其中有营养的成分带回土壤，供植物重新利用。全球每年有500亿～1500亿吨的木质素需要真菌进行分解，如果木质素没有及时被分解，森林自身代谢产生的腐木、落叶将成为其自掘坟墓埋葬自身的墓葬场，而草原也会成为泥炭汪洋。

假如真菌消失，受影响的不仅是大自然，人类的日常生活也将发生天翻地覆的变化。酵母会首当其冲从我们的生活中消失。没有酵母，自然也就没有了葡萄酒和啤酒，面包、蛋糕、酸奶也无从谈起，甚至连巧克力也没了，因为可可豆的发酵是巧克力制作中不可或缺的一步。

然而，真菌消失带来的严重后果要在数年后才会逐步显现。真菌有点像地球的免疫系统，可以分解全球范围内包括人造白色污染在内的有毒废物。跟人类用胃消化不同，真菌向外分泌消化酶，然后分解周边物质。真菌吞噬东西的能力与速度在整个自然界中无与伦比。在数百种真菌中，平菇改造土壤的能力无人能出其右。曾有研究发现，平菇菌丝体在分解石油废料的过程中生长出了几百斤重的平菇，平菇产生了大量孢子，孢子吸引来了昆虫，昆虫引来了鸟类，鸟类带来了种子……在这种一切向好的连锁反应下，污染环境且难以清除的石油废料借由平菇变成了可持续发展的生命绿洲。由此可见，平菇可以降解污染，使环境恢复到最佳状态，这就为包括石油泄漏在内的环境污染治理、垃圾场的治理以及降低人体铅含量提供了新的思路与可能性。地球成为真菌的堆肥场，真菌依靠强大的分解能力拓展自己的生存场域，地球因为真菌的存在变得更加郁郁葱葱。

假如地球上没有真菌，最终，几乎所有的生态系统终将崩塌，地球将不再宜居，甚至不会有任何生命。植物中的木质素主要由碳元素组成，没有真菌，森林中倒下的枯树就会层层堆起，枯死的树经年累月被压成了煤层，3亿年前的石炭纪就是这样形成的。当真菌进化到可以分解树木中的木质素，然后再分解树木的时候，石炭纪就结束了。真菌能够分解腐木和枯叶，在分解过程中，有机物被消化，其中的矿物质被送回土壤，二氧化碳则被排放到大气中。

如果没有真菌分解，碳会永久封存于木质素中，二氧化碳的排放也会受到抑制。起初所产生的影响是正面的，因为二氧化碳是地球温室效应的元凶，二氧化碳减少了，全球升温会得到控制。然而，现存的植物需要继续利用二氧化碳进行光合作用。一两个世纪后，当自然界储存的二氧化碳消耗殆尽，地球将会再次进入冰河期。缺乏二氧化碳，所有的海陆植物都将逐渐灭亡，逐渐地，食草动物必然会消失，继而食肉动物也随之消亡。不过，人类估计是没有机会亲眼看到这一切的发生了，因为人类早已因为食物短缺和环境改变而踪迹全无了。

自生命出现之初，真菌一直是陆地上的氧化驱动者。它们开凿岩石创造土壤，滋养植物，让地球变得青翠。地球现在的样子，在某种程度上，可以说是真菌一手缔造的。每一次发生全球灾难之后，都是真菌让生命复苏。如果世上没有真菌，就不会有其他生物。真菌是这个世界得以存在和运转的基石，真菌为文明铺路，让人类成为现在的样子。

从真菌带来的腐败表象来看，真菌貌似是生命的终点，但其实它们也是生命的肇始，它是生死转换的连接点。真菌腐蚀没有生命的东西，并借由这个过程创造新生命，自然界由于真菌的存在成为一个生生不息的循环系统。它们是自然界的废物处理者，在处理过程中转化、释放出养分，让植物继续生长。真菌接纳死去的东西，通过化学作用再将它归还给生命，万物就因循着这样的生命轨迹毁灭、重生、再毁灭、再重生……整个生物系统就是环环相扣的一个网络，这个网络通过真菌连接。真菌是整个地球生态系统里元素循环的发起者与驱动者，在生物群落更替、物质循环、能量流动中发挥重要作用。

人类的生存繁衍离不开地球，然而与此同时，人类对地球环境却造成了不可逆的伤害。假如未来某一天人类灭绝，地球会是怎样的呢？可能地球会在真菌的部署下，成为一个更美、更健康、更恒久的星球。美国加州大学圣克鲁兹分校人类学系教授罗安清（Anna Lowenhaupt Tsing）在《末日松茸》（*The Mushroom at the End of the World*）一书中自问自答：“当你的世界开始解体时，你会做什么？”“我会出去走一圈，如果我能找到蘑菇的话，那我就是幸运的。”因为，蘑菇就是希望，蘑菇就是明天。

## 3. 地球的未来守望者

菌丝体像自然界的纺织者，在地下蔓延生长，结成一张又一张巨网，这启发了不同领域设计师的灵感。

蘑菇皮是利用灵芝菌丝体制成的仿皮革制品。由于真菌在基因上更接近动物，因此蘑菇皮在质感、色泽、耐磨度等方面非常接近动物皮革。与动物相比，真菌生长周期短、生长过程中消耗的资源少，还可以充分降解、改良土壤。奢侈品牌爱马仕最先推出了纯素蘑菇皮制成的手提包，阿迪达斯等品牌紧随其后，将蘑菇皮应用于服装、鞋子等产品。未来，蘑菇皮有望代替动物皮革，成为时尚界更有利于环境保护的材料。

依据不同真菌菌丝体的自身特性，设计师陆续制造出过滤材料、包装材料、家具、保温板，甚至是建筑材料等。研究人员将大褐菇的表皮加热到1000℃左右，它们就成了纳米级碳丝网，可以用来过滤水；菌丝体形成的模具可以替代泡沫成为新型包装材料，这种新型材料不仅阻燃、防水，而且一个月左右就可以降解，为土壤追肥；用菌丝体制作的灯具、桌椅等家具兼具现代与自然的气质；用菌丝体制作的菌丝砖可以用于墙体保温，其隔热性能超过玻璃纤维，坚固程度则可与混凝土媲美，最难能可贵的是，真菌砖极大地减少了碳排放量和环境污染，可以回收利用，使环境得到最大程度的改善。

未来，蘑菇不仅能持续康复被污染的环境，制造环保生活材料，还可能成为医学界的重要药物。有人说，在商品上打上一句“本品经过菌类处理”，将有广阔的销售渠道和发展前景，这或许不仅仅是一句玩笑，而是趋之若鹜的消费心理。

在过去数亿年的地球演化过程中，真菌是不折不扣的拓荒者。未来，真菌有望成为宇宙空间的开拓者，为人类打造太空基地，帮助人类实现移居其他星球的梦想。灵芝除了强大的药用价值以及可以制作蘑菇皮外，还能用来制作纳米电池，进而制成太阳能电池板，由灵芝菌丝体搭建的房屋既温暖又能发电；在人类能够到达的类地行星上，真菌菌丝体能够把岩石分解为土壤，降解其内含的有毒物质，帮助行星形成富含有机质的土壤；此外，将真菌与生活垃圾混合，分解后可进一步改良土壤，优化所栽种植物的质量，实现资源的良性循环。

# 03

# 用羊毛
# 做一朵蘑菇

- 羊的献祭
- 一入毛坑深似海
- 用羊毛做一朵蘑菇

# 羊的献祭

羊奶可饮、羊肉可食、羊皮可衣、羊毛毡可居。对于人类而言，羊是毫无保留的献祭者，是被“薅羊毛”薅得最彻底的物种之一。

世界上最早的羊毛毡出土于一处新石器时期的土耳其遗址中，是人类历史上最古老的纺织品。这说明羊毛毡至少已经伴随人类走过了8500年的漫长岁月，直到今天，斯堪的纳维亚人、俄罗斯人仍然保持着用羊毛毡做靴子的传统。亚洲的游牧民族如蒙古族、哈萨克族、吉尔吉斯族等均以制作、使用羊毛毡闻名。不仅地毯、鞋子、衣服等中小型生活用品，甚至帐篷也是用羊毛毡制作的。羊毛毡制成的帐篷透气、保暖、抗风寒、可拆卸，成为牧民游牧、转场时必不可少的移动房屋。

羊毛毡起源的神话及传说广泛存在于全球范围内的不同文化谱系中，苏美尔神话、《圣经》故事中都有记载。最广为流传的是克莱门特的故事：传说克莱门特在躲避敌方追杀的过程中，为了保护双脚，将羊毛包裹到脚上，等脱离险境后，他发现脚上的羊毛已经毡化成结实的织物了。古老的技艺自那一刻起流传至今，克莱门特也因此成为欧洲鞋帽商的守护神，被尊称为“圣·克莱门特”。

我国羊毛毡技艺同样有着悠久历史，各边疆民族聚居地也流传着诸多关于羊毛毡起源的神话传说。据史书记载，2000多年前的周王朝设有管理制毡的官员，称为“掌皮”。《周礼·天官·掌皮》中记载：“共其毳毛为毡，以待邦事。”意为将毛毡作为贡品献给国家，以备不时之需。新疆维吾尔自治区尼勒克县加勒克斯卡茵特墓地出土的毛毡片证明了公元前5世纪伊犁河谷的山地居民用毛毡制作毡房的历史。如今，蒙古族、藏族、白族、东乡族、彝族、塔吉克族、哈萨克族等民族的羊毛毡制作技艺均已被列入不同等级的非物质文化遗产，在变迁的时空中以不变的献祭数千年如一日地供养着黄河岸边的人们，乃至整个人类。

自黄河下游一路溯源，我们可以看到，对中国人而言，羊不仅是一种物质的存在，更沉淀成了文化。毋庸置疑，在中华文明的演进中，羊作为图腾的时间甚至早于龙。中华文明的始祖伏羲、炎帝皆以羊为图腾。伏羲曾于羊角柱上观象画卦。炎帝姓姜，生于羌地姜水，“姜”“羌”皆从羊。在其部落沿黄河东迁的过程中，羊图腾文化融入了华夏大地。出土发现，位于黄河中下游的河南、山东等地出土的青铜器、画像石上都有羊的身影。“羊大为美”“羊言为善”“羊示为祥”“羊我为義”“羊食为养”“羊鱼为鲜”……与羊相关的汉字道出了中国人对羊的依恋。

从黄河源头直至中下游，不管是游牧民族还是农耕民族，只要有羊的地方，皆自然而然地以羊的血肉果腹、以羊的皮毛御寒。因此，你见与不见，羊毛毡都在那里。

传统羊毛毡技艺以湿毡为主，民间俗称“擀毡”。近代，发展出一种新型的羊毛毡技艺——针毡。羊毛毡湿毡主要利用羊毛纤维表面鳞片遇温热碱性水可以张开的特性，将浸湿的羊毛进行擀压、揉搓，使羊毛彼此纠结，达到毡化效果（图3-1）；而针毡的原理则是通过带有倒刺的针连续戳刺，使表层与底层羊毛不断纵向纠结，从而实现毡化定型。湿毡主要用于制作片状物体，针毡主要用于立体作品的制作。

图3-1 传统湿毡工艺制作的毡靴

## 一入毛坑深似海

对于艺术创作者来说，展览就是一部人生日志，记录着活脱脱的生命变化与境遇转换。我曾举办过两次个人艺术展，分别是2006年的“原野中的舞者”和2013年的“芳香的土地”。时光荏苒，眼见双亲从健步如飞到步履蹒跚，眼见孩子与我颠倒了彼此间的俯仰关系……此间，这个世界上有多少生命走了，又有多少生命来了。但有些东西没变，比如我一直热爱的森林以及森林里的生灵，我一直回望的草原以及草原上的云层与羊群。虽然所爱没变，表现方式却延展出一条变化的轨迹——从前，我用画笔、画布、油彩表现，后来加入宣纸、水墨、水彩，现在，我遇见了羊毛。

与羊毛的初相见，大致发生在2019年前后。至于最初是一个什么样的机缘，实在没有任何记忆了。如今看着工作室里满满两架子羊毛、一套套工具、一件件作品，恍若隔世，仿佛这一切在生命中并不曾发生过，又仿佛只是一场梦。不记得关于羊毛的这一切是怎样出现在自己生命中并承载了整个疫情期间的锁闭状态了。事实是，在整个疫情封控期，羊毛为我打开了一个美丽新世界。

宇宙间，爱是柔软、温暖且包容的，羊毛的特质像极了爱。自从遇见羊毛，便被它的温暖与柔软治愈着。人生至此，羊毛的出现与陪伴，很大程度弥补了我生命中各种维度爱的缺失。

因为创作方向的调整，近几年的工作室里，主角已经从画框、麻布、宣纸、颜料以及各种奇形怪状的笔变成了轻软的羊毛，这不仅体现在作品的材质以及空间的占有度上，还体现在羊毛的无处不在上。我们经常用“轻若鸿毛”比喻物品轻之极致，然而单根的羊毛细若游丝，比鸿毛轻多了。散落的羊毛会随着我在工作室来回走动产生的空气流动遍布边边角角，以至于地上随意胡噜一把，都是松散的毛团，连茶具和沏好的茶水里，也有羊毛的身影。最直接的影响就是，不敢轻易邀请朋友到工作室品茶了。

但就是这些像空气一样既轻且细的纤维，在手中蝶变成了一件件二维、二维半、三维的作品。很多人问我羊毛毡立体作品中是不是像泥塑一样有骨架支撑，我会告诉他们，没有任何骨架支撑，完全是羊毛支撑起一整个世界。就是这些肉眼些微可见的毛细纤维，万千纠结，共同实现了体量与意象上的蜕变与升华，而我，就像古代的炼金术师，以羊毛为介质，凝炼、提纯、净化，无限接近灵魂层面的纯金世界。

# 用羊毛做一朵蘑菇

## 1. 羊毛与蘑菇在一起

据统计，世界上真菌种群的数量至少是植物种类的6倍。这些真菌中，大约有两万种会长蘑菇，蘑菇属于大型真菌。在我们生活的世界中，蘑菇会像潜入我们睡眠中的梦一样，悄无声息地出现在雨后的草地上、树林间，如果你并不关注它们，它们就是小透明，在路过者心里激不起任何涟漪，像远离红尘、隐遁山野的修士。

蘑菇是人间美味，也是致命毒株。因此，人类对蘑菇可谓爱之深，怕之切。戈登·沃森因此发展出了两个概念——嗜菇性（mycophile）和恐菇症（mycophobia）。面对蘑菇，人类的心情是复杂的，因为人性定义了面对诱惑时断舍离的难度。

在人类先祖的世界里，蘑菇是神秘且有灵性的，相较于其呆萌的肉身，它们更接近于一种精神性的存在。就像葫芦、荷花一样，蘑菇是物质的存在，却有着强大的非物质属性。丛林，草地，蘑菇，是通往童话国度的意象，更通往人类心灵的最幽深处。

尽管蘑菇品类繁多，但造型仍然带有地球早期生命的特点——结构简单。单从造型角度而言，用黏土、树脂、3D打印等方式都能够便捷、快速地实现对蘑菇形态与色彩的视觉传达，但质感却与蘑菇不相符。硬的材质、凉的触感不具备蘑菇本身既柔弱无骨又以柔克刚的气质，也不符合蘑菇是自然界穿越古今、睥睨一切生命的王者的事实。

蘑菇是一股无处不在的力量，但这股力量却不是显性的，而是一种隐性的存在，就像空气，看不到、摸不着，却不可或缺。羊毛纤维柔软且轻，但毡化之后却既是骨也是肉，不软塌不变形，内里坚实却通透，与蘑菇的非物质意象非常契合。因此，最终，羊毛与蘑菇不可避免地相遇了，材料与物象彼此交融，就像它们本来就在一起。

始于疫情初起的蘑菇系列装置作品以羊毛为主，出于作品需要，在蘑菇以外的花朵制作过程中辅助使用了真丝、树脂黏土等材料。作品集羊毛毡针毡、湿毡、瓷花、绢花等传统手艺于一身，是传统手艺与当代思维的灵感碰撞与综合呈现。

作品在疫情封控期完成，它们向往草地就像彼时的人们向往自由。在作品完成后，我把它们放归林间草地，兀地发现，自然赋予它们生机，阳光照亮它们的灵魂。当蘑菇出现在林间草地上的那一刻，蘑菇、树林、草地、蓝天、白云和我都怦然心动。

蘑菇是一个介质，通过它，展现的是人的思考维度。面对蘑菇，我相信每个人都有自己的解读，在蘑菇中照见自己；蘑菇是一个入口，借此，我们得以潜入艺术与意识的深海，反思相关内在要素之间的逻辑关系。

## 2.《万物一体，没有谁可以是一座孤岛》系列

我们印象中的蘑菇往往是一把把可爱的小伞，但事实上人类对蘑菇知之甚少。澳大利亚蘑菇摄影师斯蒂芬·阿克福德（Stephen Axford）在第一次见到一种像蓝色糖纸一样漂亮的蘑菇时，甚至不敢确定那是蘑菇。后来，他陆续发现了可以发光的蘑菇，长得像珊瑚、酒杯、皮球、耳朵等的蘑菇，千奇百怪的形态可谓“只有想不到，没有不存在”。

自然界中的蘑菇千姿百态，构成了一个庞大的真菌王国。多于一个，便构成了关系，它们彼此关联，共同构建了一个有关生命、生存的场域，《万物一体，没有谁可以是一座孤岛》系列作品所思考的就是关于个体与整体的问题。

自古，道家便认为我们的人体是一个小宇宙，而整个宇宙也是自主运转、有智慧的生命体。中医是道家哲学思想的承载者和实践者，中医行医者认为耳朵是一个倒悬的婴儿，手脚的不同部位也能够对应人体的各个脏器。这种古老的哲学思考在量子物理学界被冠以新的名词——宇宙全息论。宇宙全息论认为宇宙是一个各部分之间全息关联的统一整体。在宇宙整体中，各子系与系统、系统与宇宙之间全息对应。此概念由当代著名量子物理学家戴维·玻姆（David Joseph Bohm）在《整体性与隐缠序——卷展中的宇宙与意识》一书中提及，由1999年度诺贝尔奖得主、荷兰乌得勒支大学的G. 霍夫特（Gerardus't Hooft）于1993年正式提出，并得到美国斯坦福大学雷纳德·萨斯金（Leonard Susskind）的进一步阐述。

世间万物一体，这个“体”并不是物质层面而是能量层面的概念。根据老子的理论，万物皆源于道，在物质层面显化为不同的存在，万物归一。

众所周知，中国古代文化是浑然一体的，不区分文、史、哲、医、艺、数、术。一部《黄帝内经》涵盖天地运化、数理辩证，集哲学、医学、药学、地理、卜算、命理等于一书，上通天地之道，下达世间人伦，很难说它是一部单纯的医学典籍。而今的我们太热衷于分区了，在不同领域科研人员

的共同努力下，我们区分出了不同人种、不同血型、不同星座、不同性格、不同学科、不同专业……区分就是画边界，边界就意味着规则。人们在区分各种差异的同时，也为自身制定了各种不可逾越的障碍，变相而言，可以理解为画地为牢。人人画地为牢，世界也由此呈现为碎片化态势。传说上帝为了阻止人与神、人与人之间的交流，破坏了人类用以通天的巴别塔，打乱了人类的语言，将人类散布地球各个角落。现在看来，这种交流障碍的始作俑者正是人类自己。

根据各种规则划分出的不同区块，彼此会产生分离感、孤立感。皮肤作为人体最大的器官区分了每一个个体人的内部与外部，也区分出了利与害的边界。基本上，作为个体的人，我们趋利避害。人们以利害作为衡量标准，将自我分割成一座座孤岛。但作为自然界甚至是宇宙的一分子，人怎么可以是孤岛，我们吸入大树吐出的氧气，小草吸收我们吐出的二氧化碳。我们的血肉之躯靠天地万物滋养，在生命抽离后，肉身仰赖真菌的帮助化为腐土重归自然。天地间，我们曾经作为一粒微尘存在，阳光穿过我们的躯体，空气穿过我们的躯体，我们何曾从整体中剥离过。始终在怂恿我们剥离的，是我们脑海里那小小的、微不足道的一念，以及由此幻化出的小我。

人不是孑然一身，我即是你，你即是他，他即是我，彼此延伸结网，形成共生群落。《万物一体，没有谁可以是一座孤岛》系列作品以整体为背景，探讨不同个体之间的共生或对抗关系，希望借此引发关于内与外、一与万之间的深度思考，作品全部采用羊毛针毡技艺完成。

这个系列中的每一件作品都由多于一个的蘑菇组成，它们彼此之间有的表现出父母对孩子的呵护、孩子对父母的依恋，有的像恋人相互依偎，有的如朋友彼此促膝。但单就生存层面而言，它们彼此间也是一种竞争关系。像自然界中共存于同一场域的其他生命体一样，虽然有着共同的生命源头，但对资源的占有关系到每一个个体的生死存亡，因此，从每一个个体的利益来看，和谐与爱，有时候是表象。但，我希望我们能通过和谐的表象，穿过纷争的现实，体认潜藏在自然深处生生不息的宇宙法则。在那个层面上，万物一体，没有谁可以是一座孤岛。

（1）《万物一体，没有谁可以是一座孤岛No.01》

《万物一体，没有谁可以是一座孤岛No.01》（图3-2、图3-3）的灵感来源于阿克福德的一幅条纹香菇摄影作品。摄影作品中，两只毛茸茸的紫红色蘑菇相依相偎，像盘踞而坐的汉代陶俑，上身修长，手臂长度超乎正常比例，手藏于袖笼，双臂交叉，自然搭于腹部。它们的菌盖呈上大下小的漏斗形，让人想起金庸笔下仗剑天涯的侠士所戴的帽子，帽子下面的面纱隐匿在随风舞动的时空中。它们在一起，安静而和谐。第一眼，我便爱上了它们。我也相信，它们彼此之间是有爱的。萦绕在它们周边的爱，在阿克福德按动快门的那一刻，凝成了永恒，仿佛亘古如此。

1983年7月4日至1984年7月4日，中国台湾艺术家谢德庆与美国艺术家琳达·蒙塔诺（Linda Montano）签署了一份合作文件，在美国共同完成了一件行为艺术作品《男女艺术家用一根绳子拴在一起一年，却互不碰触》（图3-4）。1983年美国独立日当天，在200多人的围观下，见证人将一根长约2.43米的绳子两端分别绑在两个艺术家的腰间，并在接口处封铅。自

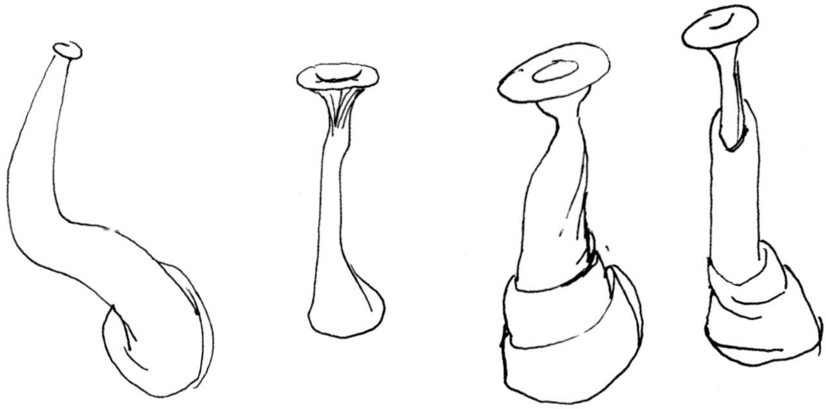

图3-2 《万物一体，没有谁可以是一座孤岛No.01》手稿

此之后整整一年时间里，两人的吃、喝、拉、撒、睡必须共同行动，但却不能相互碰触。1984年7月4日，连接两人的绳子被解开了，琳达第一时间逃离了现场，他们彼此都不想再看对方一眼。直到几个星期之后，他们之间的关系才恢复正常，但每当他们回忆起这个作品，心中都会产生不可言说的恐惧。

泰国作家马来·初皮尼（Malai Choopiniji）的文学作品《天崩地裂》先后于1953年、1980年、2010年被改编成电影《永恒》搬上银幕。故事讲的是23岁的婶婶玉帕蒂和25岁侄子尚孟有悖人伦的爱情故事。出于惩罚，尚孟的叔叔、玉帕蒂的丈夫帕博把两人的手用一根锁链锁在一起，彼此无法自行分开。故事

图3-3 《万物一体，没有谁可以是一座孤岛No.01》
羊毛
10cm×10cm×28cm
8cm×8cm×30cm
2020

结局玉帕蒂自杀，尚孟则终其一生疯疯癫癫地游荡在森林里。

《男女艺术家用一根绳子拴在一起一年，却互不碰触》和《永恒》都以极端的方式探讨了人与人相处的空间与边界问题。在当代艺术领域，南斯拉夫艺术家玛丽娜·阿布拉莫维奇（Marina Abramović）与德国艺术家乌雷（Frank Uwe Laysiepen）合作完成的《空间中的关系》《时间中的关系》《潜能》《明亮/黑暗》《情人·长城》等诸多作品都是关于两人之间关系的探讨。在《时间中的关系》这件作品中，他们的头发被绑在一起，彼此背对背安静地坐了17个小时。捆绑在一起的头发仿佛是他们之间相互依存、彼此共生的脐带。一开始，这根纽带是亲密的象征与符号，随着时间流逝，纽带成为锁链，亲密关系成了限制自由的阻碍。《艺术家在现场》则将空间放大，时间拉长，在更为宽泛的时空内探讨人与人之间的关系（图3-5）。从更为终极的意义来看，人是需要接纳并享受孤独的，毕竟生与死，都是独角戏。

图3-4　谢德庆，（美）琳达·蒙塔诺　《男女艺术家用一根绳子拴在一起一年，却互不碰触》[①]　1983年7月4日至1984年7月4日

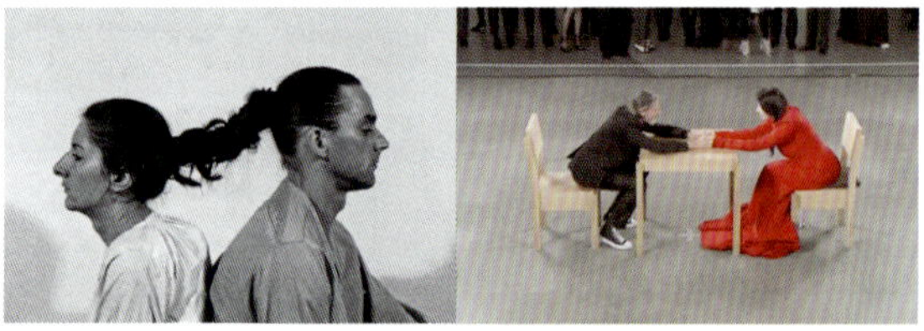

图3-5　（南斯拉夫）玛丽娜·阿布拉莫维奇，（德）乌雷《时间中的关系》[②]（左），《艺术家在现场》[③]（右）

①https://www.163.com/dy/article/H8HDESSF055309Z5.html

②https://www.cafa.com.cn/cn/news/details/8327525

③https://www.sohu.com/a/377260763_114988

《万物一体，没有谁可以是一座孤岛No.01》在造型上沿用并放大了汉代陶俑的意象。汉代陶俑的造型整体简约，没有过多细节刻画，浑朴大气。作品中长长的胳膊若有似无，前臂袖管呈现出极简的筒状结构。作品加大了菌柄底端的体量，一是与菌柄上端的修长形成对比，加强节奏感，二是凸显我国古代人的踞坐姿态。二者一高一矮，一胖一瘦，简单有趣。蘑菇原型周身遍布放射状细毛，为了加强造型的简约爽利感，将细毛作减法处理。

除造型外，二菇的色彩极为丰富，浓淡相宜，周身淡紫色调，菌盖为洋红色，干净、通透，有着红色特有的温暖感，衣领与颈项有明确的分界线，颈项部分颜色粉白，衣领是浓重的西瓜红色。是的，它们居然有衣领！衣领往下的部分，衣服的颜色呈现出由桃红、淡紫向淡蓝灰的过渡，有着自然的冷暖渐变。蘑菇色彩饱和度高且有着丰富而细微的变化，极大满足了我对色彩的深度探寻。

不管是在自然界还是作品中，不同色彩之间相互作用形成新色彩的方式基本上有三种：一种是上下式，也就是上下层透叠产生的色彩效果，西方古典油画中的罩染法、中国工笔画中的水色罩染都是基于表层透明色作用于底层颜色从而在视觉上形成新色彩的原理。比如底层是蓝色，表层罩染透明的黄色，就会透叠形成绿色。另一种是并列式，两种色彩并置，当观察者与被观察者存在一定距离时，并置的两种色彩因为空间的存在产生视觉上的交叉混合，人眼看到的就是两种色彩混合后的效果。假设想得到一块绿色，我们不直接使用现成的绿色，而是将蓝色与黄色并置在一起，后退到一定距离，就能看到一块绿色。如果想得到一块偏暖的绿色，可以加大黄色的面积比例。反之，如果想得到一块偏冷的绿色，则加大蓝色的面积比例。艺术史上使用这种空间混合方式完成作品的代表流派是新印象派，也叫点彩派。进入数字时代后，我们的数码图片在电脑上放大到一定倍数后，便会出现各种马赛克式的像素点，这种集像素成画面的原理与点彩派的空间混合原理是一样的，都是色彩并置产生的色彩混合。第三种色彩混合模式是颜料的相互融合，这种画法自印象派起，在西方艺术史上大行其道，在油画领域称为直接画法，也是我们最习以为常的色彩混合方式。因为颜料颗粒极为细小，不同色彩颗粒在充分融合之后，降低了自身色彩的显色度，与其他色彩彼此融合，便产生了视觉层面上的新色彩。

记得读大学期间，在选择专业方向时斩钉截铁地选择了油画专业，原因是喜欢油画材料深沉的宝石质感以及丰富的色域。与如今广泛使用的化工颜料不同，羊毛是有生命的材料，在自然界中可以实现无痕降解，不会给环境带来任何负担。作为色彩，则有着非常高的呈现度。羊毛纤维极细，但一片色域里掺入一根不同颜色的羊毛，色彩立马就会受到影响，而且不像色料因为颗粒极细，调和后会产生彼此融合的视觉效果，不同色彩的羊毛，只要不剔除，便会作为独立的元素始终存在。这为调配新的色彩带来了挑战，因为再细的羊毛也是独存的个体，不会消融在体量上占优势的其他色羊毛中，这就导致色彩不能很好地融合，特别是在一些面积很小的地方。比如蘑菇菌盖的红色部分，主体色是暖红色，但没有那一丝丝玫红的冷调，就缺失了那种复合色带来的情感、情绪或者说是心理上的满足；但加上几根冷红色的羊毛，又显得那么突兀，反复尝试，反复失败，反复试验，最终把一根羊毛断成几节，通过戳针实现不同红色之间上下层的叠压关系，使得冷红色从一根细长的色线转换成断续连绵的微小色点，才最终实现了微妙且丰富的色彩变化。后面的各种色彩混合也基于不同情况做了不同处理。

作品完成后，发现二菇彼此间的关系并不是单一维度的，不同的摆放方式可以呈现出不同的关系，像极了人与人之间的相处模式。当它们两两相对，就如亲密无间、促膝长谈的密友。但如果是同向而立，尺寸稍矮些的蘑菇在前，马上就变成了主从关系，前面的蘑菇身形略矮胖，头部微微低垂，颈项挺立，上身后仰，小腹微腆，双臂下垂，袖筒交拢于小腹，加上红冠、紫衣的加持，宛如一位丰腴、傲慢的小小贵妇。后面的蘑菇身材修长挺拔，垂首含胸，亦步亦趋紧随其后，像极了一位忠心护主的佩剑武士。属实是两朵有故事的蘑菇。而当二者背向，立刻呈现出咫尺千里的冷漠与疏离。除此之外，彼此距离的远近等因素也会使二者的关系产生微妙但丰富的变化。

这件作品可以由观者参与互动，通过调整二者的距离和角度营造不同的关系面向。是的，两朵蘑菇就在那里，它们必然是有关联的，但究竟是怎样的关系，端看移动者的手与心。

（2）《万物一体，没有谁可以是一座孤岛No.02》

《万物一体，没有谁可以是一座孤岛No.02》（图3-6、图3-7）由12个造型、色彩、尺寸、材质完全相同的蘑菇单品组成。12是一个在东西方文化中具有象征意义和传奇色彩的数字。在人类漫长的文化轴线上，12经常是完满的象征。一年有12个月、12地支，一天有12个时辰；人体有12对肋骨、12指肠，中医认为人体经脉有12正经；奥林匹斯山有12主神，耶稣有12个门徒；西方有12星座，中国有12生肖；欧盟旗帜上由12枚金星组成的圆环灵感来自文艺复兴艺术作品中圣母的“12星冠”，是圣母玛利亚的象征；在中国道家哲学中，1与2分别代表阴阳。12象征周而复始的循环与轮回，本身便构成了生生不息的意象。

但是，做这样一件作品，首先是源于我的直觉与感知。通过太阳系恒星、行星、卫星的运行轨迹，我们不难发现，从自然界到人类都在遵循一条法则——能量强大者吸引弱者围绕自身按强者制定的法则循环往复地做圆周运动。在日久天长的对峙中，彼此之间形成了相对稳定的制衡关系。法则的制定者习惯了以自我为中心，环绕者习惯了像某种动物一样消弭自身，隐匿灵魂，眼里只有那个虚无的中心，无脑地转圈圈。在这种场域中，

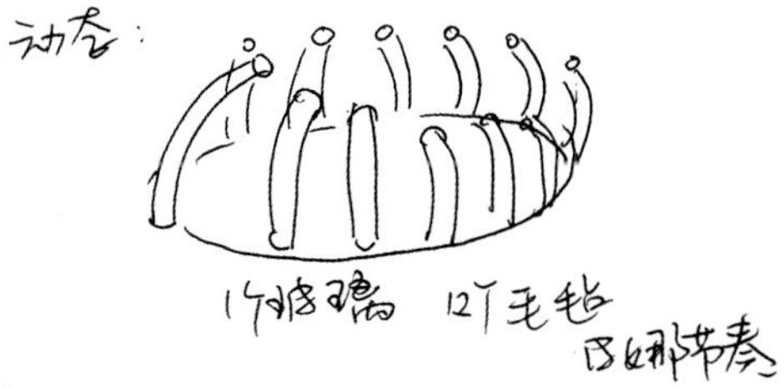


图3-6 《万物一体，没有谁可以是一座孤岛No.02》手稿

图3-7 《万物一体，没有谁可以是一座孤岛No.02》
羊毛 36cm×36cm×26cm 2020

人的灵魂无处安放，思想被踩在脚底。如果连压抑都感知不到了，又与丧尸何异？

作品的原型是一种体态细长的香菇。第一眼见到这种蘑菇，让我想到杨丽萍的舞蹈《两棵树》。在《两棵树》中，杨丽萍和舞伴用巨大的弹力布包裹全身，使身体成为没有细节的剪影，简化成一个整体感极强的符号。

12朵蘑菇以统一的体量、统一的造型、统一的姿态，聚合成表盘一样的正圆形，向圆心躬身做膜拜状，一种无形但强大的能量便在这周而复始、无限循环的意象中产生了。中心部分的空无是一种无形但不能让人无视的存在。因为12朵蘑菇共同的向心性，空无部分就像阳光照在凸透镜上产生的明亮光斑，成为能量的聚合点。单体聚合为集群，群体以同样的步调对同一个人或同一件事情做出同样的反应，一定是有一种更大的能量作用于此。

这件作品接近完成时，我产生了另外一个想法，这也给了作品另外一种诠释的维度。我想把它做成动态作品——在底盘安装做好编程的机械装置，12个蘑菇按照程序设定同时向同一个角度转动、前行、后退、转回……背景音乐和节奏是皮娜的舞剧，以此向德国现代舞第一夫人皮娜·鲍什（Pina Bausch）致敬。

当你见到人性的黑洞，当你被人性的黑洞死死盯住，你是否还能一如既往地对这个世界心存善念？面对生活的种种，我有时候能感觉到自己内心的变化，这种悄然发生的变化令我深感不安与恐惧。此刻，我意识到自己为什么喜欢约瑟夫·博伊斯、皮娜·鲍什、安塞姆·基弗（Anselm Kiefer）——他们面对全世界的质疑与责难，坚定地站在二战后的废墟上，背负着民族曾经的荣耀与当下的耻辱，勇敢地撕开人性的裂缝，让光得以从内心透出。

毫无疑问，皮娜是个了不起的存在，她正是罗曼·罗兰（Romain Rolland）口中那位“认清生活的真相后依然热爱生活”的真英雄。她的那句“我舞蹈，因为我悲伤”令人唏嘘。与博伊斯、基弗等一众德国当代艺术家一样，皮娜同样生长于废墟之上，虽然在她身上我们看不到明显的民族负累，但她与他们共同在似乎万念俱灰、毫无生机的灰烬中，拼尽全力发着微光，照亮着诸多彷徨的灵魂。

舞蹈是关于身体的语言，演员作为一种象征符号，在大众的印象中往往是整齐划一的年轻、挺拔、漂亮。在集体舞蹈中，舞蹈演员作为单元在舞台上矩阵式排布，像兵马俑一样彰显出一种集体的气势。而在皮娜的乌帕塔舞蹈剧场里，演员呈现出严重的老龄化，体态高矮胖瘦差异很大，黑白黄各色人种共存，完全不是人们印象中舞蹈演员应有的肤白貌美和光鲜靓丽。然而对他们而言最大的幸运在于，皮娜鼓励他们找到自己和自己的语言，乌帕塔舞蹈剧场的演员因此变得与众不同，他们每一位都是鲜活的存在，充满个性与创造力。在皮娜的精神引领下，他们个个熠熠生辉，散发着生命的光辉。

在皮娜的一部舞剧中，夕阳的余晖洒落，数十根木柱如图腾般圆环状伫立，剧场演员在音乐中排成一列，踩着舞步缓缓走过，木杆与演员长长的影子缓缓掠过暖棕色的大地。就是这样一群各个不同的人，整齐划一地穿行在长长的木柱间，仿佛在进行一场让人泪目的人生谢幕仪式，那是一场关于生命的祭祀。正是这个场景打动了我，我计划让12朵蘑菇与剧场演员的节奏一致，共同完成与皮娜的心灵对话。

工厂可批量生产同质化产品，但纯手工制作出一模一样的作品却没那么容易。这件作品的难度在于12件单品需要具备完全相同的尺寸、造型和色彩，以不断的重复、循环加强矩阵化的视觉效果。制作过程中，加加减减、反复调整是家常便饭，一点点高低、粗细、弯度、色彩的不同都会造成视觉上的差异，进而削弱每一个作为无差异化存在的个体所构成的整体感，最终削弱的则是作品的整体力量。当然，从视觉来说，这一点与皮娜强调每位演员的个性化差异是不同的。但我的初心正是以这种整齐划一、面对一个虚无的存在齐齐折腰的现象引发对非常现象的反思。

最终，12个蘑菇按照既定的样子呈现，表盘的圆心处是一个强大磁场的核心，但却空无一物。面对作品，相信每一个观者心中都能作为生活的旁观者，了然如镜。

（3）《万物一体，没有谁可以是一座孤岛No.03》

“红伞伞，白杆杆”是毒蝇伞的标志。作为致幻蘑菇的代表，毒蝇伞为爱丽丝和马里奥打开了新世界的大门，也拓展了人类意识的维度。而作为一种物质的存在，毒蝇伞的确自带童话气质。童话的世界里，是少不了草地上带着白点点的红色蘑菇的。

《万物一体，没有谁可以是一座孤岛No.03》（图3-8）中的三朵蘑菇，像一个妈妈用自己的怀抱守护着大宝二宝。事实上，蘑菇不需要挡风遮雨的房顶，它们需要接受自然的洗礼才能成长为独立的个体。把蘑菇置换成孩子，这句话同样成立。因此，这件作品是一个关于爱与成长的故事。就我而言，这是一段吉祥放飞的历程。回首15年的成长历程，吉祥几度跃跃欲试想单飞。我几度劝慰自己，小鸟的翅膀硬了，就放手让他飞吧。

在绿石林，鉴于体力的透支，我提议坐电瓶车到热带雨林景区，然后再坐电瓶车返回北门，但吉祥想徒步，两人的意见没有达成统一。接下来，他居然就撇下老母亲自己跑了，在这人生地不熟的森林里。起初，我不相信他真的自己离开了，但在左等右等都等不到他回到我身边之后，确信他真的自己徒步往绿石林去了。一眼望不到头的路像长蛇一样蜿蜒着通向未知的远方，路两旁是幽深莫测的原始森林，路上空无一人，嘎腰子、人彘、人口拐卖等关于缅北的传闻在我脑海里嗡嗡打转，我再也坐不住了，懊恼且急迫地坐上电瓶车一路飞奔去追他，直到接近热带雨林的景区门口，远远看到那个熟悉的背影，我这颗心才算放回到了肚子里。

在绿石林的时候，臭小子便嚷嚷着脚疼，作出寸步难移的样子，恨不得让我背着走，现在倒好，健步如飞，电瓶车都追不上他。发现车上坐着的我，更是撒丫子跑路，搞得一车人都笑了。我呢，下了车很显然追不上他，只好哭笑不得地继续坐车到热带雨林景区门口去等他。让我没想到的是，这只是他单飞的第一步，算试飞吧，很显然，试飞成功。

在热带雨林景区门口等到了吉祥，进到景区后，他仍然不愿与我同行，老母亲只得恋恋不舍地再次跟儿子分道扬镳。我想，东区不像西区那样景点分散，岔路多，按照在绿石林的经验，如果是单道循环的话，我俩总会遇见。且景区内相对封闭，应该不会有什么危险。

我看他逆时针跑了，就选了一条顺时针的线路，期待与他的不期而遇。一路牵挂着他，心不在焉地走走停停，也看不到身边的景致。果然不出我所料，在过了大板根之后有二三百米，就遇到了对面走来的吉祥，心生无比喜

图3-8 《万物一体，没有谁可以是一座孤岛No.03》 羊毛
28cm×21cm×26cm 2020

悦，给了他一个大大的拥抱，他也没有像以往那样嫌弃地东躲西藏，而是欣然接受了。吉祥若无其事地说已经绕热带雨林走两圈儿了，在我的耳朵里，这句话变身为他已经围着雨林找我两圈儿了。那种失而复得的踏实感、满足感和幸福感无与伦比。他自豪地告诉我一共发现了6棵见血封喉，明显已经不再怕的了。的确，景区内路边的见血封喉都小小的，而且挂了牌子专门介绍，看上去人畜无害的样子，不像我给他介绍得那般毒辣。

他让我去大板根那儿给他拍照打卡，老母亲受宠若惊地领了任务。娘俩儿母慈子孝地同行了一段儿路。之后，他又撇下我独自走了，跟我约定春林宾馆大堂会面。那一刻，我感觉他就像只小鸟，起先在鸟窝里乖乖趴着等老母亲投喂，翅膀一天天硬了，在直径10米的范围内扑棱扑棱再回到窝里，慢慢地，飞翔直径变大，总有一天会远走高飞。但孩子能走出母亲的视线，却走不出母亲望眼欲穿的牵挂啊。

这次我是真没辙了，也认了，总会离开的。他再度跑开之后，我心里还是比较放心的，因为东区对游客开放的只有一条路线，车也不多，大部分是游客乘坐的电瓶车，他只要靠边走就相对安全。等我回到宾馆，他已经在大堂等我了。谢天谢地，一切安好。

到达勐仑的第四天是吉祥被目标高中录取的日子，也是他第一次自己单独游园的日子。他坚持要自己去植物园，跟我保证只在西区活动。我给了他一个手机卡，方便联系。同时，我们约定下午三点半左右宾馆见。穿戴整齐后，他在包里放了三瓶水，售票处买了半价票，上了晃晃悠悠的吊桥，一路跑开了。

我呢，就在植物园周边溜溜达达，逛逛集贸市场，看看市场里的野生菌，寻找着记忆中的竹筒饭和香茅草烤鱼。事实上，自吉祥离开的那一刻，便开始等他回来，其间难免各种担心，好在通过微信视频联系了几次，都是安全的，心下也颇安慰。

下午三点多是我们约定宾馆见面的时间，我跟他微信共享实时位置，发现他在水生植物园区，那边游客比较少，出于安全考虑，便催他回宾馆，他同意了。通过微信的位置共享功能，可以看到高德地图上那个小点点在慢慢往回移动，但到了北门和西门之间的道路上却不动了，很长时间都停在那里，跟他视频也没有回应，可把老母亲吓麻了，难不成被人劫了？手机扔草丛里了？从那一刻起，我便站在窗边，眼睛一眨不眨地死盯着吊桥，但熟悉的影子始终没有出现。直到1个小时之后，响起了敲门声，遂一溜烟去开门，孩子终于平安回来了。

我问吉祥为什么没从吊桥上回来，他说因为手机信号不好，导航失败，所以迷路了，一路走到了西门，然后又沿罗梭江走回来的。这放飞的分分秒秒着实不好过呀，惊出老母亲一头又一头的冷汗。

事实上，很早我就意识到了，不是孩子离不开父母，而是父母离不开孩子。在吉祥小的时候，每逢寒暑假，他便随姥姥或姥爷先回老家，我则会利用假期做点自己的事情或外出考察。一般都是他在家玩儿得没心没肺，我在外牵肠挂肚。有一年暑假，吉祥照例在老家，晚上母亲去跳广场舞时便把他放在广场边。那时我因为工作原因去到瑞士，纵有一百个不放心也没辙。由于联系不方便，几天没有吉祥的音讯。有一天，我正坐在阿尔卑斯山的缆车上，突然心里就涌起了翻江倒海的思念与牵挂，于是迫不及待地跟他视频。看到他安全，才打消了各种担心。现在想来匪夷所思，当时却无论如何也不能抚慰为人母那颗悬吊着的心。

每次我远程返回老家，吉祥从来不会表现出久别重逢的喜悦与兴奋，就跟个小木头桩子似的，稳如老狗，满脸淡定，好像我只是去了趟卫生间。不过看到他眼里的光，我相信他只是不知道该怎么表达而已。

有一件事让我印象深刻，2017年，我因工作调动离开了原先所在的城市，在两边还在交接的过渡阶段，我一边在原单位上班，一边每周坐高铁去新单位开例会。彼时，父亲陪吉祥在北京上学。因此，每周我要离开他一两天。有一次，在去车站之前，他一直在跟我有的没的找话说，我有些不耐烦，就训了他一句，他说："妈妈，等到了车站，我就只能跟你说再见了。"我当时没反应过来，直到若干天后才明白，他是在用自己的方式表达与我分离的焦虑。

小学四年级，吉祥随我到了新单位所在城市，在我工作单位的附属小学就读。单位很大，分为东、西两个校区，附小在西校区的西北角，我们住东校区东南角的教师公寓里，二者大约相距两三公里。吉祥跟我商量，每周五他自己从西校步行回东校公寓。那时候他刚9岁，现在想来，这小家伙心挺大呀，看来是深谋远虑啊，有计划地让自己慢慢独立。校园里是相对安全的，唯一不放心的就是遍布路边的井盖，虽然经常叮嘱他要避让，但就是不放心呀。于是，每周五我就跟地下工作者似的，有时候他在前面走，我在后面远远跟着；有时候，我开车在前面等他，看到小小的身影出现在桥头，我便找一个隐蔽的地方把车停好，眼见他与我擦肩而过。总之，基本保持他在我的视线范围内，但不会让他发现我。不然于他而言，应该会少了几分单飞的刺激与自由。我的不放心在他那里也可能转化为不信任，继而打击他的自信心。

从蓄谋离开到真正离开，中间有一个相对漫长的过程，但真正远走高飞可能就是一瞬间的事。一直以来，吉祥每次离开，我都会特别丧，各种担心，各种揣测，着实不知道该如何安顿自己惴惴不安的心。

如今的吉祥，高中选择了寄宿，他说想离我远一些，我有些难过，也有些欣慰。我相信他是对的，离开我，可以激发他身上一直处于休眠状态的能量，能让他蜕变成一个小小男子汉。我想，15年的时间，足够把我的价值判断和人生准则传递给他了，余下的，就看他怎么做了。毕竟，尽管是寄宿，我们相距也不过两三公里。毕竟，对他而言，这是一场自9岁起就蓄谋已久的远行。何况，母爱本就是一段以离别为目的的守望。

宏观来看，离别也是短暂的。因为万物一体，没有谁是一座孤岛。作品中的三朵蘑菇，表面看是分开的，其实在我们看不见的深处，它们融为一体。

（4）《万物一体，没有谁可以是一座孤岛No.04》

《庄子》中那个“吾丧我”的故事告诉我们，每个人都有两个“我”，一个是“小我”，一个是“大我”。南郭子綦丧失的是“小我”，一旦“小我”遁形，“大我”自然回归。

皮肤是身体与外部世界的分界。皮肤之内，我们称之为“我”；皮肤之外，我们称之为“他”。当我们这样定义“我”的时候，被我们定义的这个“我”便是“小我”。人生种种使得“我”与这个世界总是分离的，某种程度甚至是对抗的。基于此，各种二元对立的概念便产生了，比如爱与恨、善与恶、利与弊、黑与白等。

灰姑娘与王子结婚后，首先是“Fall in love at the first glance”，接踵而至的便是“Fall in live every moment”。一见钟情的爱情深入生活的细碎，关系走向更深的层面，小我的各个面向逐渐浮现，这段在孩子们心中代代相传的爱情童话能否承载幽暗的人性之重呢?

是的，即便整个世界都在告诉我们，要学会自己爱自己，我们仍然很难在自己双臂的环抱下感受到温暖与放松。心理咨询师武志红被问到这个问题时，他反问提问者：“你能够把自己举起来吗？”感受不到爱，爱自己便成为一种可怜的阿Q式的自我安慰。然而，什么是爱？这种爱的能量来自何处？你缘何爱他人，爱这个世界？他人缘何爱你，世界缘何爱你?

唯有一种情况，假如你能体验到你与这个世界本来就只有“一”，就像蘑菇脚下的菌丝体一样缠缠绕绕一线牵，那么一种博大的情感便会消融你的个体感受，你会体会到全然的接纳与包容，那便是根本意义上的爱。那是一种巨大的能量，让你从此再也不愿与其分离。某一天，当你体验到你吸到肺里的氧气正是大树吐出的，你吐出的空气正被大树吸进体内，你认识到你们彼此间并没有界限，你们的能量在时时无碍地流动、交换，你便能够感受到与这个世界的深度融合。万物本为一，你有什么理由不爱这个世界以及你的邻居呢？这种状态下，人的“小我”不再纠缠不休，人“丧我”或“忘我”失去的都是“小我”，处于“大我”状态中，意识到万物本来一体，一种像宇宙本身一样博大、深沉的爱才能展现出它的本来面目，将我们包容其中，我们才能够体验到与自然万物合一的美好。

《万物一体，没有谁可以是一座孤岛No.04》（图3-9）中两朵红蘑菇就像一对爱人，彼此依偎。尽管在我们眼中，它们仅仅是两朵蘑菇，但事实上菌丝体在我们看不到的地下伸展成一张巨大的网络，将它们彼此连接，能量在它们之间流动。看上去，它们沉浸在深度融合之中，事实上，这是世界本来的样子。

然而在二元世界中，它们显化为彼此独立的两个个体，内心都有一个“我”。红尘对人性不温不火的削磨让心流血，争吵时的冷言冷语让滚烫的激情滴水成冰。他们彼此互为镜子，在对方身上看到了自身的黑暗，都以为是对方的黑暗在攻击自己的光明，自己是受害者，彼此相互埋怨、指责。双方为此争吵不休，直到能量耗尽，心如死灰，再也发不出一点点光，生命和爱情沉入死寂，前路何在?

没错，宇宙间，爱是唯一的解药。幽暗之处，爱是光，温暖人心，点亮灵魂，照亮前路。爱能够疗愈你的内心，扩大你内心的光明。这种爱，不是亲情、不是友情，也不是可望不可即的旷世爱情，而是个体与万物不分彼此的深度融合，在这种合一的状态下，世界将是一种极致美好的存在。只有体验到这种爱，我们才能真正做到爱人如爱己，爱世间一切，因为万物皆我，我即万物。但是，能够体验到这种美好的人，古往今来屈指可数，这才是生而为人最大的悲怆与苍凉。

在作品中，我们看到的是“二”，但希望体会到“一”；我们看到的是“分”，但希望体会到“合”。那是源自我们内心的终极渴望，是人类及万物潜藏于灵魂深处的共同意识。

图3-9
《万物一体，没有谁可以是一座孤岛No.04》
羊毛
19cm×27cm×35cm
2020

### 3.《你以为你以为的是你以为的吗》系列

对于人类而言，自然界有些蘑菇是餐桌上的美食，有些则致命或致幻。致幻者模糊了现实与虚幻的界限，致命者则会让人与这个物质世界从此再无瓜葛。我们都习惯从自己的角度观察和理解这个世界，将看到的称之为“现实的”“真实的”，看不到的便是“虚幻的”“不存在的”“不真实的”。我们始终都在分辨什么是确凿无疑的，什么是梦幻泡影。伊甸园，理想国，桃花源，乌托邦，哪里才是人类的终极家园?

这个世界的确是你以为的样子吗？事实上，你看到的，可能只是你内心的投射。你看到的，只是你自己。苏东坡与佛印共同参禅，苏东坡说佛印像坨屎，佛印却说苏东坡像尊佛。心中有屎，看什么都是屎；心中有佛，万物皆佛。荣格也曾说过，你看到的整个世界就是你的心。世界是一面镜子，真实映照我们的内心。当四面空空时，我们的心是沉寂、蛰伏、静止的，有了外部世界的激荡与冲撞，我们才能更清晰、客观地认识自己。就像苏东坡一样，人很容易以为自己的心是干净的、美好的，外部世界是肮脏的、俗不可耐的。但事实上，一切真的是你以为的样子吗？或许，只是你以为罢了。

《你以为你以为的是你以为的吗》系列作品镜子两侧的蘑菇极为相似，一眼看去浑然一体，其实有着全然不同的内在——一侧是珍馐美味，一侧是夺命阎罗。是不是像极了人性的两极？我们所生活的二元世界中，哪些是光，哪些是影？哪个是生，哪个是死？哪些是真实，哪些又是虚幻呢?

一粒种子假以时日，会成长为参天大树。这种促使它裂变的能量与生俱来。假如它是一颗望天树的种子，无论后天处于什么样的环境，也决不会成长为一棵狗尾巴草。这是一个极为简单的道理——一粒种子身上携带一棵参天大树的全部基因与可能性。从某些层面来看，未来之路在它小小的身躯里是既定且无法改变的。决定它成为什么或不能成为什么的，是它潜藏的基因信息，而不是自以为是的“以为”。

《你以为你以为的是你以为的吗》系列作品全部采用针毡技术完成。作品中镜子两侧分别是纵向剖开的半个蘑菇，在作品中呈现为只有一半体量的高浮雕。外观极为相似的两种半朵蘑菇构成一个完整的圆雕，中间用双面镜隔开。每一朵蘑菇从自身角度看过去，与镜子里的影像共同呈现出自身的完整形态；而当观者的角度是以镜子为视觉中心时，镜子左右两侧蘑菇造型及色彩会显现出不易觉察的细微差异；当观者围绕作品转动时，镜子两侧蘑菇的外轮廓几乎完全重合，色彩则呈现出片段式的跳跃感，幻化出一种时空交叠的超现实意象，仿佛是现实世界与“平行宇宙”的叠加。

在这一系列作品中，镜子是一种重要的介质，构建了实体与镜像、现实与虚幻的双重存在。镜子是心的外化，展现出持镜人以为的真实世界。

古往今来，镜子似乎是女人的专属。在西方文化中，女性的标志便是希腊美神阿佛洛狄忒的镜子。但事实上，每个人都生活在镜子中。镜子何为？照见本相！

美者自美，丑者自丑。镜子不说谎，即便它的实话实说差点儿招来白雪公主的杀身之祸，也不会违心地告诉那个凶残的继母她是世界上最美丽的女人。而且，镜子照见的不光是外表，更重要的是本质，所以，明明入目的是位绝色女子，镜子却告诉我们其真实身份是狐狸或者蛇！蒲松龄老先生深知镜子的神妙！

禅宗北派渐修法门奠基人神秀告诉我们，心如明镜台，要时时拂拭，才不会有尘埃遮蔽，这与老子在《道德经》里提到的“涤除玄鉴”有着同样的含义。“涤除”意为“洗净”，“玄鉴”是“心镜”，“涤除玄鉴”便是“洗净心镜”。正如神秀所言，我们的心就是一面镜，外化为眼、耳、鼻、舌、身、意六识，照见外界的色、声、香、味、触、法。但假如心镜受到玷染，以致心灵壅塞，就失去“照见”的功能了，所以我们须时时“澄怀”“坐忘”，使之清澈、澄明，才能照见万物的本原。

外面的世界没有别人，只有你自己。外界是一面镜子，映照我们的心。事实上，外界就是我们自己心的反映。心镜可映照万物，万物则是心的外化。因此，擦亮我们的心镜吧，使其清澈如水，才得以照见世界本来的样子。

（1）《你以为你以为的是你以为的吗No.01》

《你以为你以为的是你以为的吗No.01》（图3-10）中大红菇和毒红菇在色彩上都进行了纯化处理，现实中，两种红菇的颜色更加沉稳一些。

在木水花野生菌交易中心看到的大红菇菌盖中心的颜色为深红，逐渐向边缘过渡为深沉的大红色，菌褶白色，菌柄实心，从底部到上端呈现出由红到白的渐变。

毒红菇的菌盖颜色区间为珊瑚红色至粉红色，菌褶白色、较稀且长短不一。菌柄内部松软，一般为白色。老化后，菌盖中心部位稍凹陷，表皮很容易剥落。

毒红菇外形特征与可食大红菇相类似，因此二者极易混淆。区别在于大红菇菌盖边缘平滑无纹，毒红菇菌盖边缘有放射状条纹。

我们耳熟能详的"红伞伞，白杆杆，吃完一起躺板板"带有些许戏谑的味道，但其实这只是童谣的前半部分，后半部分则多了些暗黑的色彩："躺板板，睡棺棺，然后一起埋山山。埋山山，哭喊喊，亲朋都来吃饭饭。吃饭饭，有伞伞，全村一起躺板板。"这首流行在网络世界的童谣貌似节奏欢快，歌词却充满诡异恐怖的气氛。童谣中提到的"红伞伞，白杆杆"指的是毒蝇伞，但毒蝇伞还有一个重要的标志就是菌盖上的白点，比起毒蝇伞，毒红菇更接近童谣中"红伞伞，白杆杆"的描述。

毒红菇、毒蝇伞都有很高的颜值，是很多人心中能致人死命的恐怖毒蘑菇的经典形象，但事实上，这两种菇的毒性都不是最强的。毒蝇伞的致幻性在原始宗教中的应用由来已久，而通过科技手段将致幻成分应用于医疗领域，也实现了其本身的药用价值；毒红菇食后主要引起胃肠炎型中毒症状，因此又名呕吐红菇。食用毒红菇一般发病快，病程短，除发生剧烈恶心、呕吐、腹泻、腹痛外，严重者还会出现面部肌肉抽搐，脉搏加速，体温上升或下降，存在因心脏衰弱或血液循环衰竭而引起死亡的概率。但毒红菇一般不会致命，经及时催吐、对症治疗，很快便会痊愈，是中毒程度较轻的一类毒蘑菇。

对于《你以为你以为的是你以为的吗No.01》中的二者，蘑菇猎人有着鉴别秘籍——菌盖红色表皮能够轻松揭下的为毒红菇，反之则是美味的大红菇。所谓的命悬一线，在红菇这里，生命的此岸与彼岸就悬于那层是否能揭得下的红膜上。生命是强大的，又是如此脆弱。对于每一个鲜活的生命而言，活着就像走钢丝，只有在钢丝上保持平衡，才是活路，而钢丝周围，尽是不可测、未可知的死亡深渊。好好珍惜来之不易的生命并善待它吧！

作品中，为了凸显毒红菇的毒性，菌盖用了接近荧光桃红的颜色，从中心到边缘做了由深到浅的色彩渐变。我们的文化喜欢用“面若桃花”形容女性美艳，古人也曾在《诗经》中吟唱“桃之夭夭，灼灼其华”。在中国人的心里，没有比桃红色更艳丽的色彩了。而假科技之力，将桃红色进一步提纯为荧光桃红，其美艳程度更是没有哪一种色彩能出其右了。借助这一可以闭月羞花的色彩，是否可以警示想要靠近它的人，生命在它的光华下将会黯然失色？

红菇是《你以为你以为的是你以为的吗》系列中的第一件作品，带有很强的实验性，对于最终的呈现效果也没有把握。有句话说“曲线属于上帝，直线属于人类”。塞尚作为现代艺术之父曾经提出过一个重要理论，他认为自然界中的物体可以归纳为至简的三种几何形体——圆球体、圆柱体和圆锥体。代入我们所生活的日常环境，我们会发现他漏掉了一种重要的形体——方体。事实上，塞尚说的三种几何形体是指自然界中的物体。我们身居其中的方盒子大部分由直线构成，它属于人类的创造范畴。在这件作品完成后进行组装时，一度纠结于选择柱形罩还是方形罩，最终选用的是方形罩。自然

形态的蘑菇跟人类创造出的形态在一起产生了语义上的差异，这种差异赋予被困其中的蘑菇一种欲言又止的表情。作品的最终效果是令人满意的。

（2）《你以为你以为的是你以为的吗No.02》

我爱极了高大环柄菇的样子，从色彩到造型都爱。它们像青春期的少年，个个挺直瘦削、亭亭玉立，散发着呆萌羞涩、局促不安、跃跃欲试的气息。高大环柄菇的菌盖为伞状，呈浅浅的暖褐色，菌盖上一圈圈卷翘的细碎鳞片有着隐秘而细腻的色彩变化，菌褶白色，菌柄纤细、高大、直立、挺拔，上面覆盖细密规则的蛇皮状鳞纹，菌环像项链或手链一样可以上下滑动，菌柄基部膨大呈蒜头状，像水仙的根部。

大青褶伞又名摩根小伞，菌盖幼时表皮呈暗褐色或浅褐色，逐渐开裂为鳞片，顶部中心位置鳞片大而厚，呈褐紫色，边缘鳞片逐渐减少或脱落。菌柄圆柱形，灰白色至浅灰褐色，菌环以上部分的菌柄光滑，菌环以下的菌柄表面有不规则裂纹，基部膨大，内部空心。大青褶伞含有肝脏毒素、神经毒素、胃肠毒素和溶血毒素等多种毒素，食用后会造成多器官功能衰竭，死亡率相当高。

大青褶伞与高大环柄菇外形极为相似，但高大环柄菇味美，大青褶伞剧毒。二者的不同之处细微到令人难以察觉，两相比较，大青褶伞的菌盖、菌褶、菌柄、菌环都带有淡淡的绿灰色。更为明显的外观差异在于大青褶伞菌柄短，菌柄裂纹稀疏且不规则。

除了菌柄长度有着较为明显的差异之外，孢子印的颜色是区分二者的一个重要标志。高大环柄菇孢子印为白色，大青褶伞的孢子印为绿灰色，这也是“大青褶伞”名称的由来。

图3-10 《你以为你以为的是你以为的吗No.01》
羊毛，亚克力，镜面箔
43cm×43cm×56cm 2020

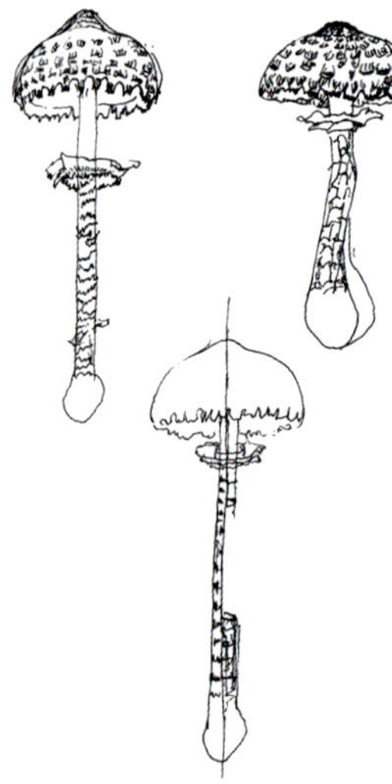

图3-11 《你以为你以为的是你以为的吗No.02》手稿

《你以为你以为的是你以为的吗No.02》（图3-11、图3-12）中，高大环柄菇整体色彩为微带粉红的暖褐色，大青褶伞则为微带青绿的冷褐色。菌褶部分的颜色做了夸张处理，高大环柄菇菌褶为白色，大青褶伞的菌褶则采用夸张的青绿色，以凸显“大青褶伞”的“青”。但因为选取的菌盖造型为半开状，所以观者只有俯身仰视，才能看到菌褶的色彩差异（图3-13）。

菌柄长度是区分二者的一个重要且直观的标志，因此长度的差异性一定是作为重点元素纳入作品当中的。我曾经考虑过几种不同方案表达这一显性特征：一是二者底部对齐，菌盖一高一低；二是菌盖对齐，底部一高一低。但均不是最佳呈现方案，考虑作品的整体视觉效果，最终决定将大青褶伞菌柄在菌环下方断为两截，上半部分上

移，下半部分下移，断开部分中空，二者菌盖和菌柄基部均取齐。固定到镜子上之后，大青褶伞菌柄呈现出藕断丝连、笔断意连的艺术效果，别有意趣。

（3）《你以为你以为的是你以为的吗No.03》

蘑菇中的鹅膏菌属最典型的特征是“头上戴帽子、腰间系裙子、脚上穿靴子”。每每想到这句话，眼前浮现的总是一个高傲、冷艳、时尚的女子形象。帽子指菌盖，裙子指菌环，靴子指菌托。按照现在的流行标准来看，可谓潮流装备一应俱全。事实上，鹅膏菌的确是颜值在线的。

鹅膏菌种类繁多，仅在我国就发现了160多种，包括豹斑毒鹅膏菌、橙盖鹅膏菌、黄盖鹅膏菌、毒蝇伞、红托鹅膏菌、雪白鹅膏菌、袁氏鹅膏菌、致命白毒伞等。自带主角光环的毒蝇伞便是鹅膏菌的代表。有经验的蘑菇猎人不建议新手采食鹅膏菌，因为大部分的鹅膏菌是有毒的，比如大名鼎鼎的毒蝇伞会对人类造成神经影响，而致命白毒伞则是毒菌中杀人不眨眼的扛把子。

图3-12　《你以为你以为的是你以为的吗No.02》
羊毛，亚克力，镜面箔
30cm×30cm×60cm　2020

**图3-13　《你以为你以为的是你以为的吗No.02》（局部）高大环柄菇与大青褶伞不同颜色的菌褶**

橙盖鹅膏菌有着“鹅膏界的奥黛丽·赫本”的美誉，外观清丽脱俗。据传深得古罗马恺撒大帝中意，因此其拉丁名便为“恺撒”（Agaricus Caesareus）。橙盖鹅膏菌菌盖颜色自中心至边缘由橙红渐变至橙黄色，边缘密布放射状条纹，菌褶为黄色，菌柄暖黄色、内部中空、基部不膨大，菌托像个大口袋，倒扣在菌柄基部。难能可贵的是，橙盖鹅膏菌不仅外表可人，还是鹅膏界鲜有的餐桌美味，且生吃熟食皆可，可谓对人类非常友善了。

黄盖鹅膏菌菌盖的颜色区间呈现出黄褐色、乌橙黄色或芥末黄色的渐变，菌盖边缘没有条纹，菌褶为偏黄的白色，菌柄为奶油黄色，生有纤毛状或反卷的浅黄色鳞片，内部实心。菌环白色，菌柄基部膨大呈球形，菌托白色至乌白色，呈浅杯状。

黄盖鹅膏菌与橙盖鹅膏菌有着极其类似的外观，而且二者的生长环境也相同，极易在同一个地点采到，这进一步增加了将二者混淆的风险。但作为食客，不可大意的是，黄盖鹅膏菌有剧毒，误食会导致急性肝损害型中毒，一朵便足以致命。

相传公元54年，古罗马帝国暴君提比略·克劳迪亚斯吃了妻子为他准备的一道混有剧毒鹅膏的橙盖鹅膏菌而被毒死。无独有偶，神圣罗马帝国皇帝查尔斯六世也因此命丧九泉。久远的时光消弭了传说的真实性及其中不可告人的细节，我们无法考证混入橙盖鹅膏菌中的是黄盖鹅膏菌、毒蝇伞还是其他有着相似外观的蘑菇，但可以肯定的是，这样的索命手段屡屡得手。

《你以为你以为的是你以为的吗No.03》（图3-14、图3-15）基于橙盖鹅膏菌和黄盖鹅膏菌外观的相似性，在双面镜两侧相同位置各置居中纵向切割的橙盖鹅膏菌与黄盖鹅膏菌，两者扣合后，隔着双面镜共同组成一个形态完整的蘑菇。由于镜子的反光作用，在任何一侧均可看到所在位置蘑菇的完整形态。随着观者视角的转换，镜子另一侧与所在侧外形完全重合的蘑菇呈现出色彩上的跳跃式变化，使观者产生超现实的困惑体验。直至转到镜面居中的位置，才得以明了视觉交错现象产生的原因。

作品以此表达我们所处的二元世界中的对立，以及身处其中的每一个个体在某些时刻不自觉的自以为是，不管自以为是的角度是彼端还是此端，总归是一种局限的视角，这种局限性源于人自身的认知局限。而打破这种局限，需要放下我们心中的那个小小的“我”，才能获得上帝视角，更加明澈

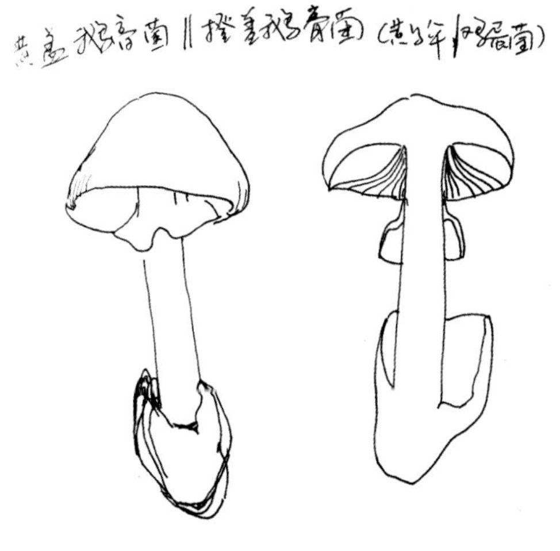


图3-14 《你以为你以为的是你以为的吗No.03》手稿

地洞见真相。

（4）《你以为你以为的是你以为的吗No.04》

云南人心心念念的见手青牛肝菌在菌肉被压伤、触碰、切割后会呈现出靛蓝色的氧化反应。见手青的青色看上去非常不友好，往往让人望而却步，但事实上变青并非毒性的显现。换言之，蘑菇是否有毒并不以是否有显色反应为标志。

红见手青（兰茂牛肝菌）的菌盖、菌柄均为可可爱爱的粉红色，菌孔呈黄色，受伤部分会迅速变成靛蓝色。兰茂牛肝菌熟后可食，生食则会产生中毒反应。吃凉拌见手青会见小人，且所见小人人人不同、回回不同。正所谓每个人心中每时每刻都潜藏着一款专属小人。这句话怎么听都深藏哲学奥义，仿佛囊括了人之为人各个面向的所有可能性。

撒旦牛肝菌与兰茂牛肝菌外观相似，受伤部分也会有变青的氧化反应。二者相对照来看，撒旦牛肝菌的菌盖、菌柄为浅粉色，菌孔则是颜色较深的红色。然而，撒旦牛肝

图3-15 《你以为你以为的是你以为的吗No.03》
羊毛，亚克力，镜面箔
25cm×25cm×45cm 2020

菌有剧毒，会造成急性肝损伤。好在撒旦牛肝菌多产于欧洲，二者相距甚远，极大降低了见手青铁粉因为混淆而中毒的可能性。

二者颜色均为粉红色系，因此《你以为你以为的是你以为的吗No.04》（图3-16）在造型上也选择了略显幼态的呆萌、可爱风格，就像一个刚刚出生不久还软乎乎的小baby。为了凸显它小小的身体，特意用了大号防尘罩，加大了视觉上的反差。

与兰茂牛肝菌相比，撒旦牛肝菌菌盖和菌柄颜色更加浅淡。就外观而言，两者最大的不同之处在于菌孔的颜色，撒旦牛肝菌菌孔为深红色，而兰茂牛肝菌菌孔为浅黄色。因为《你以为你以为的是你以为的吗No.04》选择菌盖没有完全打开的造型，菌孔隐藏于菌盖之下，因此与《你以为你以为的

图3-16 《你以为你以为的是你以为的吗No.04》
羊毛，亚克力，镜面箔 25cm×25cm×30cm 2021

是你以为的吗No.03》一样，需要观者低头仔细观察，才能发现二者菌孔颜色的不同，这无疑增加了二者的辨识难度。毕竟，在这个世界上，不是所有的内在都有着一目了然的显化，不然，我们的心怎么会那么容易被蒙蔽。

（5）《你以为你以为的是你以为的吗No.05》

对于剧毒蘑菇的警示，怎样宣传都不为过。但不管怎样宣传，仍有“菇勇者”在生命安全与口腹之欲之间选择后者。

致命白毒伞又名致命白鹅膏、白毒鹅膏菌、死亡帽，单从名字便可知其毒性之高。致命白毒伞剧毒，其毒素为毒肽和毒伞肽，会造成服用者肝、肾、中枢神经损伤，30毫克或者半个菌盖即可让一名成年人毙命，致死率高达95%以上。更加令人发指的是，误食者将经历漫长而痛苦的死亡过程。致命白毒伞在人体内的潜伏期可长达24小时，误食大约一天后，会出现呕吐、腹泻等类似急性胃肠炎的反应。经过医治后，第二天这些症状会缓解，进入“假愈期”。但在之后长达半个月的时间内，会进入肝损伤期，误食者将会在生不如死的折磨中清醒而痛苦地看着自己的身体慢慢腐烂，直至死去。与见手青不同，致命白毒伞的毒性不能通过煮、冷冻或风干减低，且至今未发现解毒剂。

雪白鹅膏菌与致命白毒伞皆具备鹅膏菌的典型特征，“帽子、裙子、靴子”一应俱全，通身雪白。因为有着极为纯洁、无辜的外观，致命白毒伞会被认为是可食的雪白鹅膏菌而误食。

当我们把雪白鹅膏菌与致命白毒伞并置在一起时会发现，它们之间的差异其实还是肉眼可见的：雪白鹅膏菌菌盖边缘有放射状条纹，致命白毒伞菌盖边缘则没有条纹；雪白鹅膏菌菌柄空心，致命白毒菌菌柄实心；雪白鹅膏菌基部为碗状空心菌托，类似一个长筒靴，致命白毒伞则基部膨大，外面包着一层较为紧实的膜。

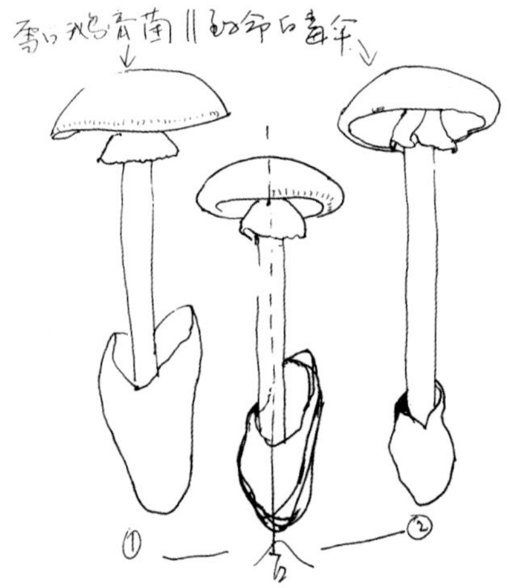

图3-17 《你以为你以为的是你以为的吗No.05》手稿

从镜子两侧来看，《你以为你以为的是你以为的吗No.05》（图3-17、图3-18）中两侧蘑菇的伞盖、菌柄等部分造型是完全重合的。如果不仔细观察，雪白鹅膏菌伞盖边缘的放射状条纹也会被忽略。但底部的靴子因为其造型、体量不同，所以在既能看到雪白鹅膏菌，又能看到致命白毒伞的角度，其造型是比较奇怪的，显现出一种梦境般的割裂感与拼凑感。

白色是很讨喜的颜色，白色象征纯洁、纯净，甚至圣洁，白色会让我们联想到新娘的婚纱、天使的羽翼。在毡化一个白色蘑菇的漫长过程中，我的内心一直是宁静而欢喜的，尽管其中的一半令人闻风丧胆。不知道那些采食致命白毒伞的人是不是也不愿相信它一尘不染的样子会置人于死地。这岂不像极了人类自古至今的“天使外表，蛇蝎心肠”？有段时间习惯了一边工作一边听《法医秦明》，惊叹于各种不可思议的世态炎凉，也记下了作者秦明那句话：“皮囊之下，尽是枯骨。”愿我们都能练就慧眼，可以透过悦人的表层识得潜藏的真实。

图3-18 《你以为你以为的是你以为的吗No.05》 羊毛，亚克力，镜面箔
35cm × 35cm × 50cm 2021

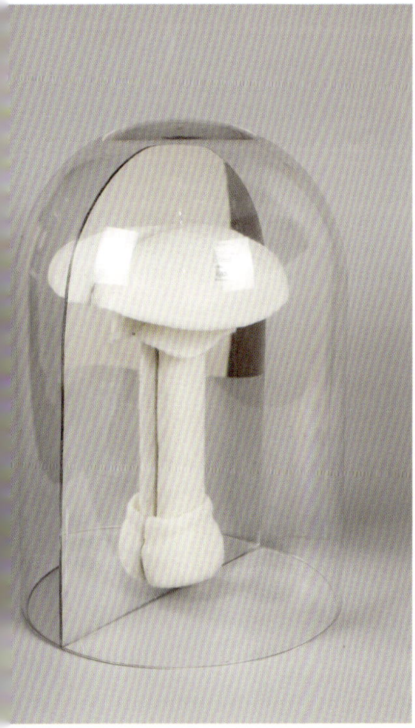

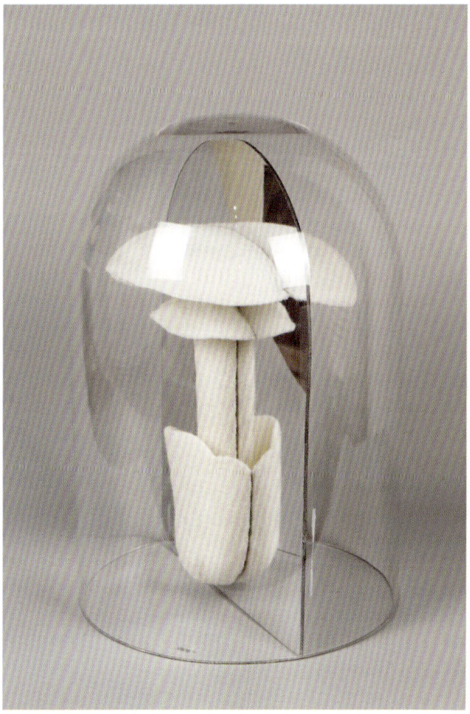

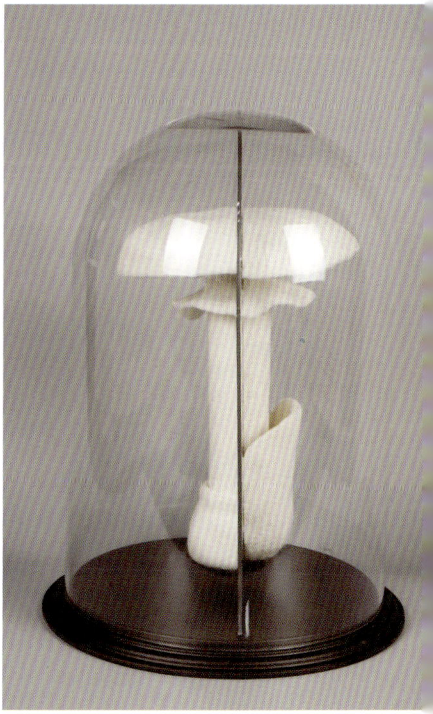

（6）《你以为你以为的是你以为的吗No.06》

图3-19 《你以为你以为的是你以为的吗No.06》手稿

牛肝菌是一个庞大的家族，在我国云南境内常见的有白牛肝菌、黑牛肝菌、黄牛肝菌等，各种见手青也属于牛肝菌家族。白牛肝菌菌盖肥厚，菌盖底部密布菌孔，菌柄粗壮肥厚。白牛肝菌的整体色彩类似于烘焙的面包，菌盖颜色从暖褐色、赭色一直过渡到浅白，菌孔部分为白色。白牛肝菌肥肥厚厚，憨态可掬，是安全的餐桌美食。

牛肝菌大部分可食，小部分有毒，苦粉孢牛肝菌便是毒菌之一。苦粉孢牛肝菌整体形态与白牛肝菌接近，菌盖、菌柄颜色则偏冷、重，一般呈豆沙色、浅褐或灰紫褐色，菌孔呈浅紫灰色。

《你以为你以为的是你以为的吗No.06》（图3-19、图3-20）中白牛肝菌部分整体色调偏暖，菌盖与菌柄色彩为赭色到暖白过渡，菌孔部分为白色；苦粉孢牛肝菌菌盖与菌柄部分整体偏绿灰，菌孔部分则呈浅紫灰色。

就像牛肝菌给人的印象一样，这是一件朴素、温和的作品。苦粉孢牛肝菌味苦，但一般不会致命。它们之间由内而外的差异没多大，就像我们生活中的灰色地带。

## 4.《生命是一路向前的回返》系列

在与蘑菇相处的这几年里，我几乎阅遍了能够找到的所有与蘑菇相关的书籍、视频及各种平台推送，了解到蘑菇对于整个生态系统不可替代的作用。

蘑菇是有机物能量转换、生灭循环的关键节点。从进化角度来看，世间一切生命都源于真菌。而当生命逝去，也由真菌参与腐化，然后进入下一个

图3-20 《你以为你以为的是你以为的吗No.06》
羊毛，亚克力，镜面箔 30cm×30cm×35cm 2021

运化环节。自然界90%的植物依靠真菌得以生存。真菌分解并循环有机物，如果没有真菌参与循环，大自然中将堆满动植物的尸体，地球上的生态系统将因为真菌的消失而崩溃。蘑菇不但是自然界的清道夫，也会将自己的身体分解得干干净净。因此，单就物质层面而言，那个困扰人类的哲学问题——我们从哪里来？我们到哪里去？——可以在真菌这里找到答案，我们的身体从真菌那里演化而来，也会在真菌那里消解。

《生命是一路向前的回返》这个系列，将蘑菇与花朵做了超现实的组合，花朵从蘑菇体内长出来，蘑菇是花朵的来处或子宫；花谢后再由蘑菇进行分解，因此蘑菇又是花朵的坟冢和归宿。从更为宏观的角度来看，生命本就是一个永无止息的圆。

总体而言，这个系列是关于蘑菇与花朵的故事。花朵与蘑菇都属于生殖器官。真菌的菌丝体位于地下，蘑菇是真菌的子实体，其使命便在于钻出地表播撒孢子，并在完成生命繁衍后迅速凋亡。尽管都是生殖器官，但蘑菇的外形让人联想到全球范围内人类先祖的“男根”崇拜。从外观来看，有菌盖的蘑菇在没有完全绽开前像男性生殖器，日本对松茸的崇拜便是关于蘑菇生殖崇拜的典型代表。而花朵则显现出阴性的柔美。花与蘑菇在一起的不同状态像极了不同结构的阴阳关系。

此系列作品中用到不止一种材质和传统技艺，单羊毛毡就用到了针毡和湿毡两种工艺。因为花瓣质感细密、清透，与羊毛毡毛茸茸的质感不符，所以需要新的材料和技艺来支撑。经过一段时间的探寻，确定使用传统的瓷花和绢花工艺。瓷花部分采用树脂黏土、超轻黏土等各种新型材料，绢花部分则根据不同的作品需求用各种品类的真丝完成。用黏土或真丝制作的花呈现出半透明的细腻质感，与羊毛的温软绵厚形成对比，更加凸显出羊毛的柔软与包容。

（1）《生命是一路向前的回返No.01》

《生命是一路向前的回返No.01》（图3-21、图3-22）主体造型为毒

图3-21 《生命是一路向前的回返No.01》手稿

蝇伞菌盖上生长出罂粟花。毒蝇伞采用红色、黄色、白色三种不同的菌盖颜色，其上的罂粟花与菌盖颜色一致，在色彩上加强了二者的亲密度与融合感。

蘑菇部分采用针毡技艺，花朵部分用超轻黏土和树脂黏土按一定比例混合，借鉴德化瓷花技术制作完成。福建省的德化瓷烧制技艺为国家级非物质文化遗产。自古，德化白瓷便以胎质致密、釉色光润明亮、貌白如凝脂而著称，其历史可追溯到千年前的宋代。手捏瓷花属于德化白瓷捏塑技艺的主要种类之一。历史上，德化白瓷烧制技艺曾远传欧美，由于运输与制作工艺难度很高，又有“瓷花身价通江海”之说，在欧洲更是被誉为“白色的金子”。

罂粟花是美国现代艺术家乔治亚·欧姬芙（Georgia Totto O’Keeffe）的最爱之一（图3-23）。尽管欧姬芙反感别人称呼她为女性艺术家，但毋庸置疑，她首先是一位有魅力的女性，她的桀骜不驯与特立独行、她的胆怯与勇敢、她的纯粹与倔强深深吸引着我。她在新墨西哥州沙漠中的幽灵牧场令我神往，她遗世独立，活成了我想要成为的样子。

在欧姬芙的丈夫阿尔弗雷德·施蒂格利茨（Alfred Stieglitz）的引导

图3-22 《生命是一路向前的回返No.01》 羊毛，树脂黏土，超轻黏土 22cm×22cm×44cm×3 2021

下，艺术界普遍认为欧姬芙的花朵有着女性的暗示与象征：有人认为它们象征女性器官，有人认为它们象征贞洁，有人认为它们充满灿烂的女人味，甚至有人认为它们色情。就像否认她在艺术上被冠以女性身份一样，欧姬芙同样否认她笔下巨幅花朵的女性指向，她说她只是通过巨大的花朵迫使人们重新审视自然。她说，当你仔细注视手里的花时，在那一瞬间，那朵花便成为你的世界，她想把那个世界传递给别人。大城市的人多半行色匆匆，没有时间停下来看一朵花，她要逼他们看，不管他们愿不愿意。

图3-23 （美）乔治亚·欧姬芙 《罂粟花》 布面油画 76.2cm×101.9cm 1927

火红的罂粟花从她灵魂的深处流淌到画布上，面对观众恣意绽放，像极了她在世间的样子。相比性器官的暗示，我更愿相信她希望在这朵花面前变得非常小，让自己融入一朵罂粟花。因为我也曾在深秋季节的小院里满园野菊花盛开之时，流连于星星点点的黄色及令人迷醉的花香，羡慕那些天天围绕花朵忙忙碌碌的小蜜蜂以及在花间翩翩起舞的蝴蝶。那一刻，我经常遗憾自己的身体太过庞大，希望能有一种现实的缩骨术，让我成为昆虫般大小，自由出入于“一花一世界”的花朵宇宙中。

在人类历史上，罂粟花无疑是“恶之花”的代名词。罂粟花美丽妖艳，但因为罂粟是鸦片、海洛因等毒品的原材料，所以难逃邪恶之名；又因为其艳丽的色彩有诱惑人心之嫌，更加重了自身万劫不复的罪恶。它们总能让人联想到古代帝王身边那些闭月羞花、沉鱼落雁的“红颜祸水”，为受诱惑者带来不可逆转的亡命或亡国之痛。历史啊，到底是谁的历史，而人性的多棱镜又是怎样的多面，才能做到“说是就是不是也是，说不是就不是是也不是”。

毒蝇伞和罂粟都是生殖器官，都有致幻作用。于是，二者“同流合污”，孤注一掷地共同奔赴一场破釜沉舟的美丽之约。可能是因为致幻元素，毒蝇伞站立稍显不稳，有些摇摇欲坠，但还是努力为罂粟花裂开了自己美丽的菌盖，让罂粟花破伞而出，面对阳光悲情绽放，在自己生命的最后时刻实现了对爱的托举与成就。

毒蝇伞的菌盖以红色居多，但同时有白、黄等变种，不管是哪种颜色的菌盖，都散布白色鳞状斑点。无独有偶，罂粟花的颜色也大多为红色，同时存在白、黄、蓝、紫等变种。《生命是一路向前的回返No.01》（图3-24）集二者之共性，选取红、黄、白三种颜色的毒蝇伞和罂粟花。作品中罂粟的花和果从同色毒蝇伞的菌盖中裂变生长出来，茎秆色彩变化为菌柄的白色。

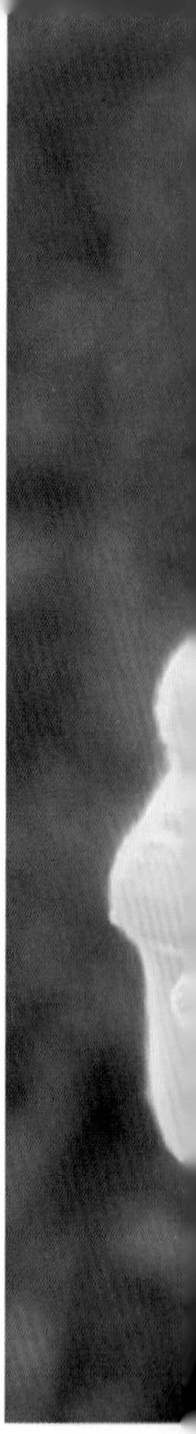

图3-24
《生命是一路向前的回返No.01》局部图

毒蝇伞用针毡的方式完成。罂粟则用树脂黏土与超轻黏土按照7：1的比例进行调和，一方面使花瓣有一定的韧性，另一方面增加了花瓣的薄透感，借鉴德化白瓷传统技艺，将泥土擀制成超薄的泥片，再做出花朵的肌理与三维曲度。花朵与蘑菇分别完成后，在毒蝇伞菌盖上切割出足够深度和宽度的裂口——这个裂口暗合了与人类相关的种种——将花的茎秆深置菌盖，二者的组合便完成了（图3-24）。

在《生命是一路向前的回返No.01》中，因为蘑菇与花朵都是向上生长的姿势，二者像叠高高一样组合在一起后，进一步增加了作品的高度。罂粟花与菌柄纵向垂直延伸，菌盖在整个作品居中偏上的位置向左右延伸，形成了基督教十字架的意象，使作品散发出带有宗教气息的神圣感。展览期间，不同颜色的三件作品平行、等距摆放在高度1.5米的长方形白色底座上，射灯自作品上方打在花朵上，戏剧性的一幕发生了——罂粟与毒蝇伞的合体令观者体会到灵魂得以净化的朝圣感。

（2）《生命是一路向前的回返No.02》

《生命是一路向前的回返No.02》（图3-25、图3-26）与前一组采用同样的创作理念、手法与材料，是牛肝菌与酢浆草花朵的组合。两件作品分别选用黑牛肝菌和白牛肝菌。白牛肝菌的造型就像一个个散发奶香味的面包，矮矮胖胖，软软糯糯，与面包也有相类似的色彩，接近时尚界流行的美

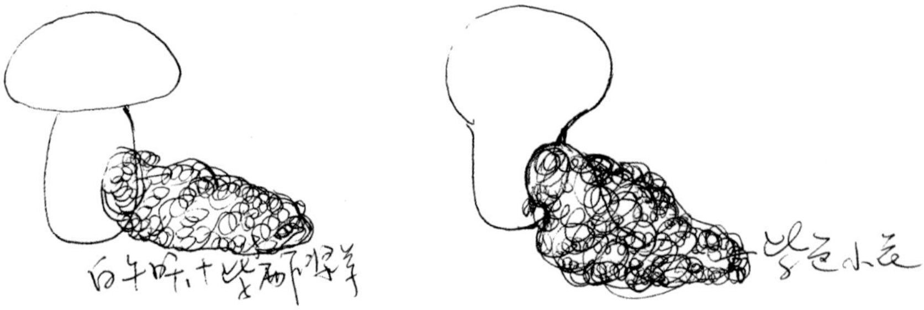

**图3-25　《生命是一路向前的回返No.02》手稿**

图3-26 《生命是一路向前的回返No.02》
羊毛，树脂黏土，超轻黏土
30cm×44cm×21cm（上） 20cm×50cm×21cm（下） 2021

拉德色系。黑色牛肝菌略显瘦削、硬朗，仿佛刚刚褪去婴儿肥、初具男子汉体态、被阳光着色的少年，菌盖颜色为棕黑色，菌柄和菌盖底部为色彩丰富的橄榄绿色调。二者皆散发出憨憨的气质，不谙世事，心无城府，兀自快乐着。

酢浆草是园林绿化中的常见植物，夏秋两季开花，体态娇小，是花朵中的小精灵，如邻家女孩般朴实自然、自带亲近感，让观花者心生爱怜与喜悦。花朵的样子像一个个小小的喇叭，每朵花有五片花瓣，色彩缤纷，以紫红色、黄色居多。

将小巧的酢浆草与胖胖大大、憨态可掬的牛肝菌放在一起，酢浆草楚楚可爱、小鸟依人，牛肝菌“力拔山兮气盖世”，妥妥的楚霸王与虞姬既视感，像极了传统爱情中男女该有的样子。

牛肝菌爱恋酢浆草的美好，决定开出美丽的酢浆草花，于是将自己的身体化为液态营养，自菌杆侧面向草地方向平面蔓延，形成了形态不规则的自由流体，酢浆草花自营养体中钻出，向阳怒放，满心欢喜。牛肝菌用自己的身体孕育、营养酢浆草，待酢浆草花谢，菌丝体将再度包裹、分解酢浆草，它们最终一起回归泥土，进入轮回，用一生的时间静默相伴。像爱情，像母爱，也像那种存在于天地间的更博大的无形之爱。

作品色彩在牛肝菌部分是随类赋彩的，就是自然界中牛肝菌的色彩。此组作品中以白牛肝菌为主体的那件，侧面流淌出的部分是白牛肝菌菌柄的颜色，酢浆草包含肉色、粉色、浅紫色、淡蓝色、粉绿色、白色等数种颜色，以呼应并丰富白牛肝菌菌柄和菌盖的颜色；以黑牛肝菌为主体的作品，菌盖显现出带有棕褐色、紫褐色等丰富色彩变化的迷人黑色，菌柄为纯度稍低的橄榄绿色系，流体部分是菌柄颜色的延伸，酢浆草花则是明亮单纯的柠檬黄色，就像一道光，从流体部分线性盛开。

牛肝菌主体部分采用针毡技术，流体部分采用湿毡技术。因为湿毡部分比较软，为了实现腔体部分的空间感和不同形态，在湿毡内部以硬质纱网支撑，然后再利用湿毡过程中羊毛的缩水特性实现与内置纱网形态上的完全贴合。花朵部分以树脂黏土为主体，搭配少量超轻黏土，以实现酢浆草花轻盈、薄透、细腻的质感。花朵表面施以薄层珠光粉，凸显花朵的灵动与欢乐。酢浆草花沿着流体状毛毡上的裂缝争相盛开，簇拥在一起，彰显生命与爱的双重美好（图3-27）。

（3）《生命是一路向前的回返No.03》

《生命是一路向前的回返No.03》（图3-28～图3-30）继续沿用《生命是一路向前的回返No.02》的思路与创作手法。作品依然是蘑菇与花的组

图3-27 《生命是一路向前的回返No.02》局部图

合。蘑菇仍然采用牛肝菌造型，花朵则依然是酢浆草。牛肝菌的菌盖和菌柄上裂开一道不规则的缝，花朵从蘑菇体内生长出来。因为花朵与菌柄几乎完全贴合，产生一种花朵奋力挣脱蘑菇而不得，蘑菇拼命将花朵吸入体内，花朵与蘑菇紧紧依偎、彼此共生等多个维度的意象。那么，最终，二者是要彼此分离，还是彼此融合呢?

有人说："万物皆有裂缝，那是光照进的地方。"事实是，"万物皆有裂缝，那是光透出的地方"。当光亮起，原本平平无奇的小蘑菇立马现出轻颤的灵魂。不得不说，有光的世界真的不一样，世间需要裂缝。让我们接纳自身的不完美，将不完美转化为自身独具的特色，就像在裂缝处开出美好的花，并让自性之光照亮和温暖这个世界。

裂缝处酢浆草花半透明的质感在光的加持下得以完美呈现，完全实现了使用半透明现代科技泥想要呈现的效果，仿佛它们在那里，只为奔赴与光千年万年的约定。为了让内部光线不会直接射出来，花朵做了叠层处理，花朵与花朵之间的缝隙下面是另一朵花。这样的层层铺叠，使

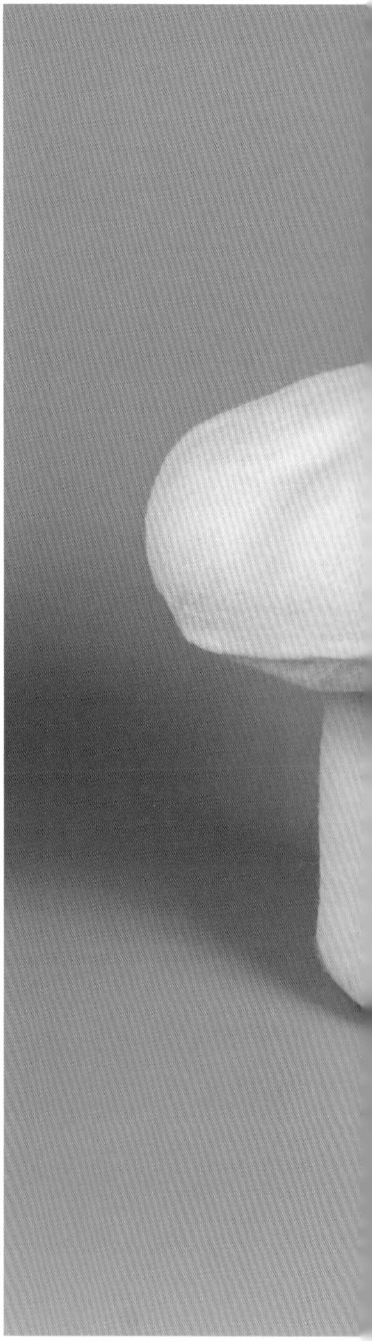

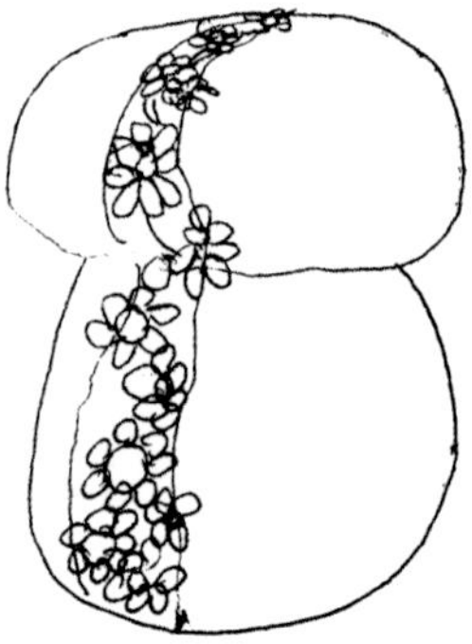

图3-28 《生命是一路向前的回返No.03》手稿

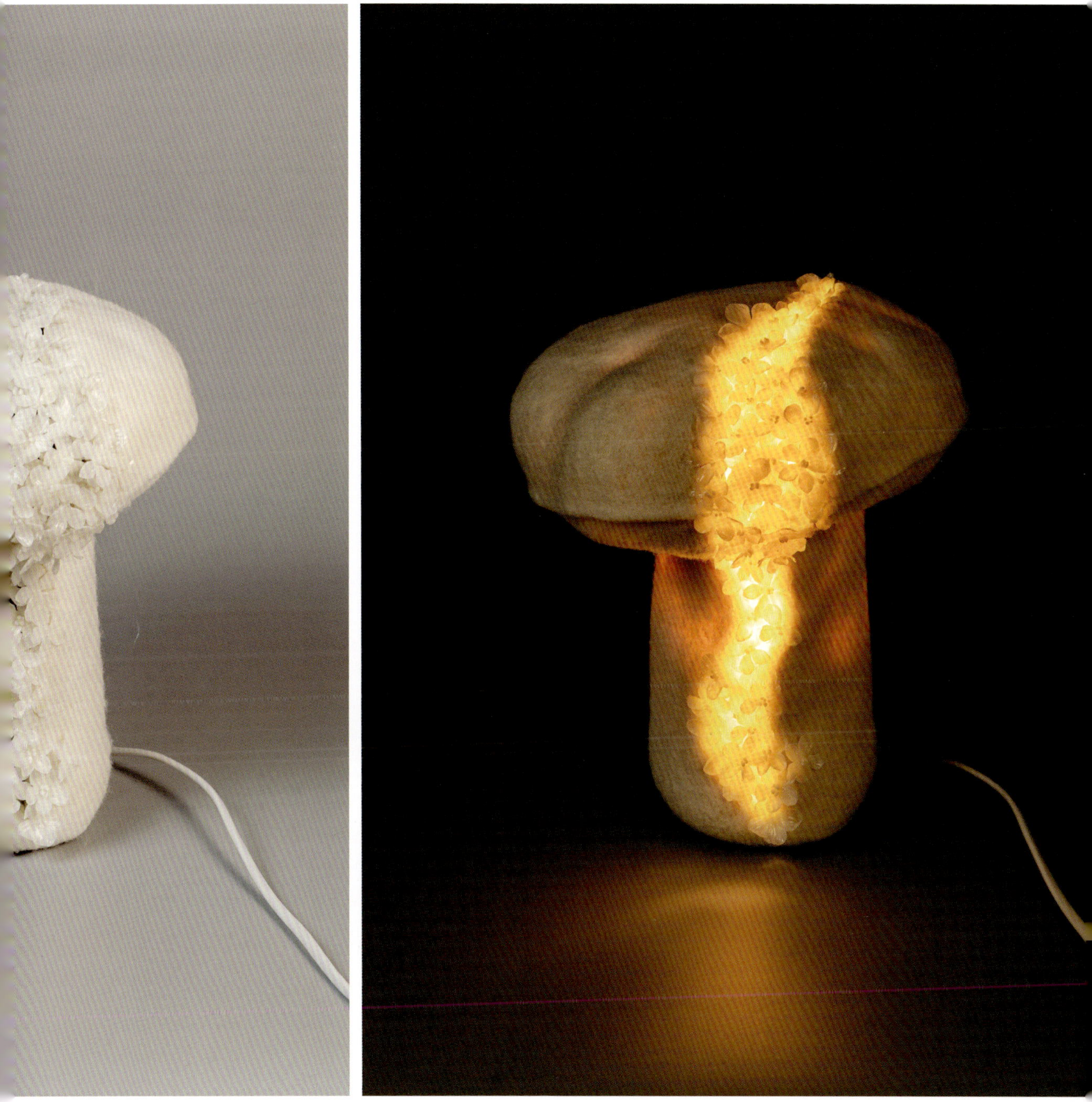

图3-29 《生命是一路向前的回返No.03》
羊毛，树脂黏土，超轻黏土 21cm×21cm×35cm 2021

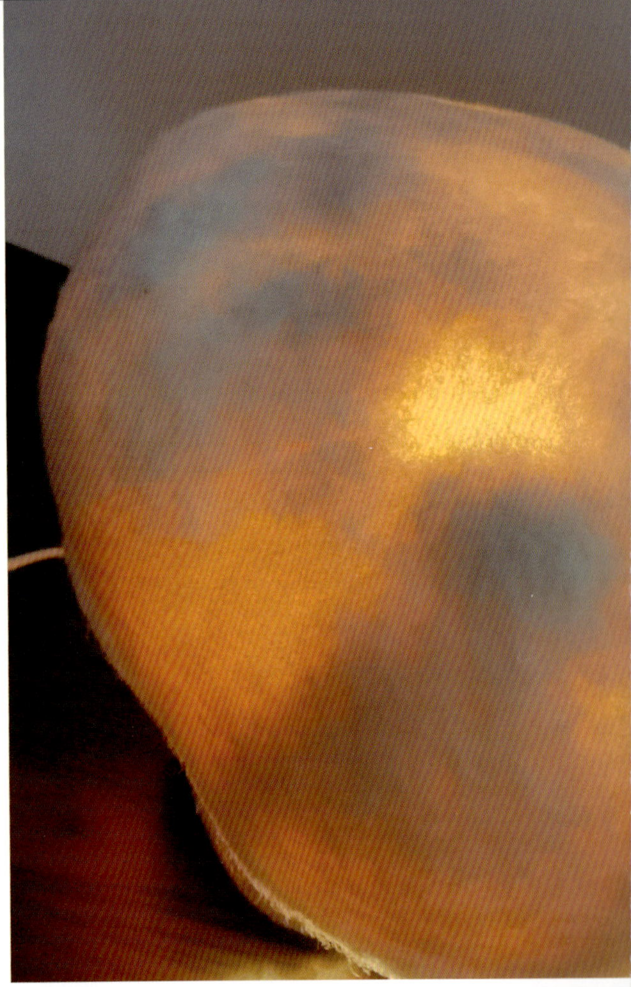
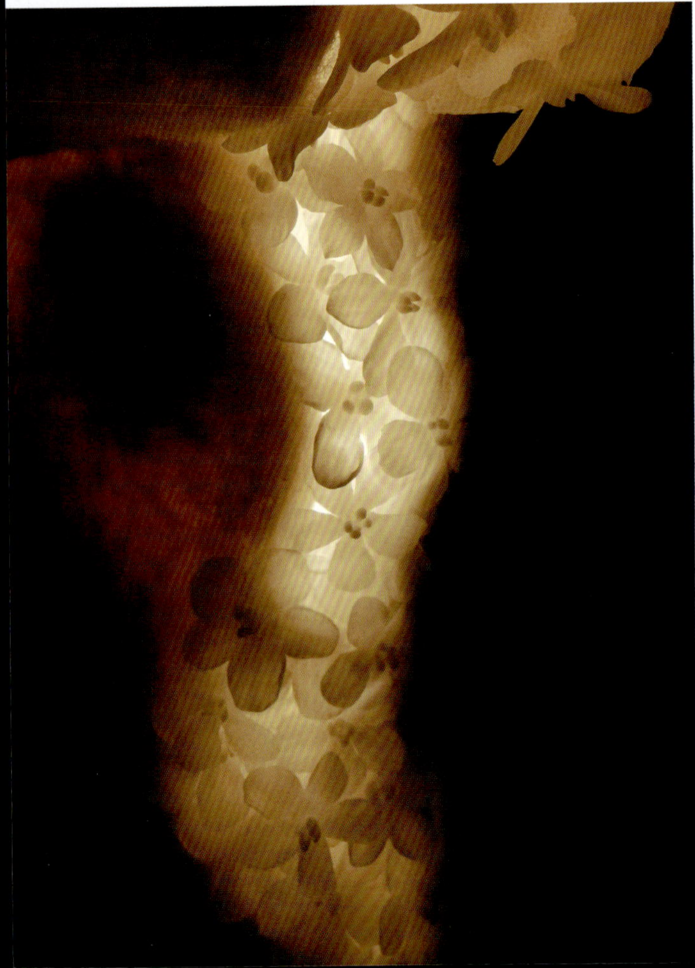

得光必须透过厚厚薄薄的花瓣才能得以呈现，花蕊和花瓣边缘较厚的地方显现出淡墨色的线或点，光线以逆光的方式勾勒出每一朵花的形状，照亮了花的每一处细节。

而当光线透过羊毛，我才明白为什么羊毛那么温暖，为什么极寒之地的人们视羊为人类最好的伙伴，因为每一根外表看来是白色的羊毛，其内里都是暖色的，它们自带温暖这个世界的基因与使命。与酢浆草的纯白不同，羊毛毡化形成的蘑菇在光的照射下显现出暖色的基底。羊毛薄一些的地方，呈现出中黄的色彩；羊毛厚一些的地方，显示出橘黄色；羊毛最厚的地方，则显现出些微的青蓝色，与暖色区域形成色彩上的对比，极富意趣。

当光线亮起的那一刻，我的身、心、灵魂都被照亮了，世界变得如此温暖，只想消弭肉身，融入光中。

为了获得纯净的视觉效果和神圣的意象，作品刻意去掉了牛肝菌和酢浆草花的色彩，因此看上去是一朵白化的牛肝菌和一众同样白化了的花。它们相约从天使的国度跌落凡尘，只为照亮并温暖这个世界。

因为计划内部打灯，所以蘑菇需要做成空腔结构，湿毡和针毡都可以实现中空的效果，但这件作品选择了难度系数更高、更加费时费力的针毡。在与羊毛日久天长的朝夕相处中，我越来越感觉针毡是羊毛的物理变化，湿毡则是羊毛的化学变化。针毡的变化是一点点形成的，湿毡的变化则是隐性且迅速的。针毡状态下，羊毛彼此间的关系更加松散透气，湿毡后的羊毛则更加密实。为了实现光线在透过蘑菇时的松弛感，最终决定采用针毡。但针毡与湿毡其实各有所长，针毡适合做三维效果，可以完成大体量的雕塑或装置作品。湿毡适合直径较小的实心三维结构、片状结构或者片状围合成的三维结构。而对于一个高度30厘米左右、直径10厘米～25厘米、羊毛平均

图3-30 《生命是一路向前的回返No.03》局部图

厚度1.5厘米左右的空心结构，针毡制作是有难度的。首先，因为作品需要透光，所以形成作品的其实是片状毡化羊毛，制作针毡的针在不停戳制的过程中，很容易穿透羊毛，把羊毛刺进工作台里，将二者牢牢毡化到一起。有过将毡化羊毛从工作台上剥离经历的人都知道那有多费力。因此在毡化过程中，要趁羊毛和工作台没有被太多粘连的时候及时、多次进行分离，这就极大增加了时间成本；此外，戳针穿透羊毛，容易在背面形成很多视觉上不舒服的细密毛刺，影响羊毛的柔软质感；另外一个很大的问题在于，针毡必须依赖工作台的阻抗力才能固定羊毛的位置与形态，以实现更好的毡化，但工作台是平面的，菌盖则是一个不规则的扁球体，在平面的工作台上制作三维的片状空腔球体，意味着很多情况下毡化工作需要在没有任何支撑的情况下完成，这无疑增加了羊毛毡化的难度，延长了作品的完成时间。还有一个问题就是作品各部分的衔接问题，整个过程就像做一件立体裁剪的衣服，先分别完成各个部分，最后将各部分拼接在一起，这首先意味着菌盖上层与下层的周长需要完全契合。其次，菌柄的周长与菌孔部位预留的空洞也要完全契合，不然就会影响作品的视觉呈现。周长不同的两个结构就像衣服接缝处因为两片布料长短不一堆叠在一起而无处藏身的皱褶。最后是光源的置入，因为羊毛本身具有保暖性，所以不能使用发热的光源，否则便会存在安全隐患。尽管疫情期间网购解决了几乎100%的日常所需，但为了找到亮度、大小等各方面都合适的光源，我还是戴着口罩、消毒液和半成品蘑菇转遍了所在城市最大的建材市场，终于找到了合适的灯具以及最小号的灯托。

作品基本实现了我的预期，感恩造物主给了我足够的时间去打磨一件作品。

（4）《生命是一路向前的回返No.04》

因为想让花瓣变得更加清透，以加强蘑菇与花朵彼此质感、量感之间的张力，在经过一段时间的考察与学习之后，决定借鉴“绢花”这一传统工艺。“绢花”采用不同颜色的桑蚕丝织品制作花卉，也称“京花儿”，是一种古老的手工艺。制作绢花的主要原料是蚕丝织物，也有少量的棉织品，此外还需要染料、铁丝、淀粉、胶等辅助材料。

考古发现，早在1700多年前，我国就有用丝织物制花的手工技艺。到了唐代，绢花更是女性的主要装饰品。唐代画家周昉的《簪花仕女图》形象再现了宫中女性簪花戴彩的场景（图3-31）。

20世纪70年代，在新疆维吾尔自治区吐鲁番阿斯塔那墓区的187号唐代墓葬中出土了制作精美的绢花花束（图3-32）。花束由萱草花和蝴蝶兰组成，衬托有绿色的枝叶。花瓣、叶片分别用绢和纸制作，花的柱头部分用纸团揉制而成，花蕊采用白色丝线或黑色棕丝，花枝主干使用较为粗直的树枝，竹丝做成的细花茎扦入树枝。虽然在地下埋葬了1000多年，绢花花束依旧形象逼真，色彩如新，唐代绢花工艺的高超由此可窥一斑。随着文化的传播与交流，绢花技艺逐渐东传，进入日本、朝鲜等国家。

与茶艺、花艺、香道、漆器等有着相似的命运，绢花技艺流传到日本后，在日本得到了很好的传承与发展。今天，绢花技艺经过一代代日本艺人

**图3-31　唐代画家周昉《簪花仕女图》（局部）中头戴绢花的女性**

**图3-32　新疆阿斯塔那墓区187号唐代墓葬出土的绢花**

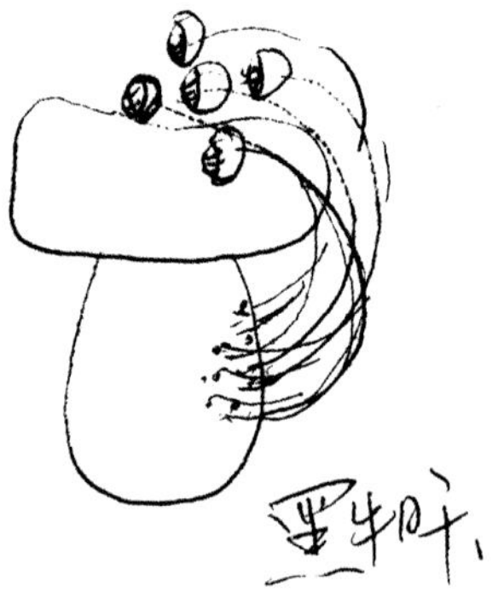

图3-33 《生命是一路向前的回返No.04》手稿

的改进，再次回流到中国，有了一个新的名字——造花。造花所用的材料以及整体流程与传统绢花并无二致，但品类更为丰富，工艺更加细腻、复杂。

《生命是一路向前的回返》系列作品中，在绢花制作环节所用的各种工具和丝织品、金属丝、胶、染料等原材料均为日本进口。一是因为其质量上乘，制作效果理想；二是效果稳定，能够长期保存作品最初的样子。需要说明的是，这其中并无任何其他方面的考量，仅仅是秉承“工欲善其事，必先利其器”的祖训，以期实现作品的最佳呈现状态。

《生命是一路向前的回返No.04》（图3-33～图3-35）由黑牛肝菌和罂粟花组合而成，整体形态为罂粟花从牛肝菌菌柄上生长出来，花茎向蘑菇方向呈“C”形弯曲，花朵在菌盖上方整体侧弯下垂，形成离开母体又反哺母体的生命意象。作品中的花不再是自然界中罂粟花艳丽的色彩，而是变为黑牛肝菌的灰褐色，花瓣、花蕊、花蕊内部小小的罂粟果和花茎都属同一色系，颜色略有微差，形成了既统一又丰富的色彩效果。色彩上的改变增加了罂粟花与黑牛肝菌之间的共性，增强了彼此之间血脉、基因甚至是非物质层面的联系。

牛肝菌作为母体，部分改变了其孕育的罂粟花的特质。同样的色系，在牛肝菌身上是厚重、浑朴的，在罂粟花那里却显现出一种低调的奢华与松

图3-34 《生命是一路向前的回返No.04》
羊毛，桑蚕丝，超轻黏土 22cm×22cm×26cm 2021

图3-35 《生命是一路向前的回返No.04》局部图

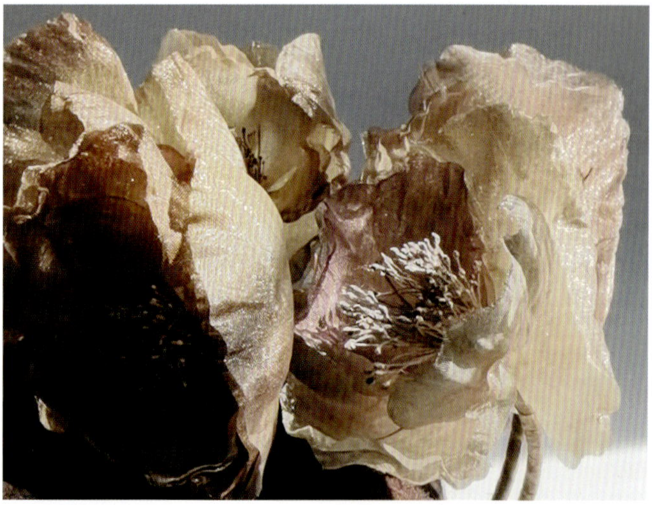

弛的高贵。我想，形成这种视觉反差的原因一方面是二者材质的差异——牛肝菌用羊毛制成，羊毛温暖、柔软、亚光，而罂粟花由丝织品制成，桑蚕丝自带的光泽使花朵显出贵族气质；另一方面则是牛肝菌和罂粟自身的意象差异。牛肝菌族群自带的婴儿肥能够给人带来足够的安全感，仿佛是一个个快乐的小胖子，而罂粟则自古便令人既爱又恨，既想接近又想逃离，明艳的外表与对人强大的控制力增强了人们对它既矛盾又复杂的情感，因此即便色彩改变了，其作为罂粟本身的内在并没有发生实质性的改变，即便与牛肝菌共生，罂粟仍然是罂粟。

在作品的正面角度，略带筋骨感的黑牛肝菌、野蛮生长的罂粟花会呈现出墨西哥艺术家弗里达·卡罗（Frida Kahlo）的意象（图3-36）。弗里达6岁患小儿麻痹症导致双腿不等长，18岁时遭遇车祸导致脊椎断为三节，同时一根金属扶手穿进腹部导致她终生不育，自37岁起便长年卧床，43岁起失去自理能力，46岁右腿截肢……弗里达整个人都像乐高玩具一样是由无数碎片组合而成的，她终其一生在用无尽的“痛”来创作。

图3-36　（墨西哥）弗里达·卡罗《带荆棘项链的自画像》布面油画　1940

早些年，我内心对弗里达是抗拒的，她的作品就像荆棘一样，每每刺痛我的眼睛、心灵和神经，作品中透露出的苦与辣让人不忍直视。但当我的生命中也慢慢五味杂陈，我开始深切地理解她，慢慢地爱上了她。

《生命是一路向前的回返No.04》的整体色调是棕褐色，隐隐透出些许紫色、橄榄绿色，就像弗里达干瘦的身材和拉丁美洲人独有的肤色；棕黑色的牛肝菌菌盖像弗里达标志性的连心眉；出现在黑牛肝菌上方的罂粟形似弗里达总是别着花朵的发型，桑蚕丝的光泽与暗沉的色彩散发出抗争的倔强与能量，诉说着弗里达终其一生所遭遇的身体和精神上的痛苦。或许，当我走到人生的某个深处，当我对弗里达产生共情，这件作品就已经在那里了。

作品中的黑牛肝菌部分采用针毡工艺，罂粟花则采用绢花工艺。为了增加罂粟花瓣薄如蝉翼的质感，选用进口晶莹欧根纱面料，与国内同类欧根纱相比，这款造花材料有着亮闪闪的颗粒状光泽，为花朵增添了别样的风韵与灵动。因为罂粟花瓣既大又薄，所以叠用了双层欧根纱，夹层间通过涂胶的极细包纸铁丝粘连，铁丝可以帮助丝绸更好地塑造和固定花瓣的造型，同时双层欧根纱使得花瓣显现出版画错版印刷时的虚实交错感，丰富了花瓣的视觉层次。

像土地一样朴素的黑牛肝菌与妖艳的罂粟花互相成就了美好，罂粟花是否可以因此摆脱恶之名？

（5）《生命是一路向前的回返No.05》

《生命是一路向前的回返No.05》（图3-37、图3-38）由肥肥胖胖的白牛肝菌和圆鼓鼓、小体量的蔷薇花苞组合而成。白牛肝菌的色彩是自然界中原有的样子，采用针毡技艺戳制而成，蔷薇花则借鉴绢花技艺。不同于

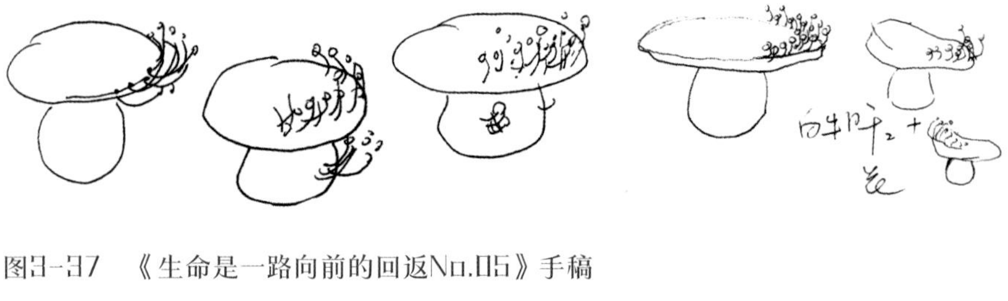

图3-37　《生命是一路向前的回返No.05》手稿

《生命是一路向前的回返No.04》中罂粟花暗沉的奢华感，蔷薇花的颜色与白牛肝菌的面包色接近，但更加暖、浅，显现出婴儿皮肤般娇嫩的粉色，花萼改为白牛肝菌菌孔部分的白色，与作品的整体色彩相呼应。花朵直径1厘米~1.5厘米，取其含苞状，像一颗颗珍珠沿白牛肝菌盖与菌孔的交界处悄悄探出脑袋。它们在一起的状态让我想到《见与不见》中的诗句："你见，或者不见我，我就在那里，不悲不喜。你念，或者不念我，情就在那里，不来不去。你爱，或者不爱我，爱就在那里，不增不减。你跟，或者不跟我，我的手就在你的手里，不舍不弃。来我的怀里，或者，让我住进你的心里。默然相爱，寂静欢喜。"有一份不悲不喜、不来不去、不增不减、不舍不弃的爱在那里，每个人都会欣然欢喜，但愿我们都能活在那份爱里。

（6）《生命是一路向前的回返No.06》

今年春天，朋友拿着两个类似于蒜头的种球问我，对彼岸花有忌讳吗？说实话，当时心里犹豫了一下，但出于好奇，还是接过来了。回家后种到花盆里，半年时间都没动静，但看种球还是活着的，就把它放到花园里的石榴树下了。一整个夏天，花园里的蚊子气焰嚣张，我偶尔把自己捂得像防疫战士一样在花园周边转一圈就立马钻进屋子里，就这样也难免被叮。因为小花园疏于打理，花花草草都长疯了，野菊花、菊花脑、香蜂草、薄荷、艾草、藿香……20多种花花草草争相开枝散叶，开花结果，芭蕉的叶子更是长到了一米长，紫苏身高疯狂蹿到了近两米。每天隔窗欣赏院子里花花草草浴日狂欢，压根儿忘记了彼岸花。直到10月中旬，花草逐渐藏身，蚊子陆续隐匿，突然发现花盆里交错生长的修长叶片，跟朋友联系后确认是彼岸花本花，因为他的种球也同期发芽了。此时的彼岸花，叶似兰草，姿态优雅，含蓄内敛，散发着十足的文人气息。

同一时期，另一位朋友带学生在江西婺源写生，随手拍下的图片中彼岸花开得正欢，田间地头一片片灼心的火红。遂感慨果然是花叶不相见，不过不是因为时间，而是因为空间。从那时起，心里便默默静待花开，同时也在

图3-38
《生命是一路向前的回返No.05》
羊毛，桑蚕丝
30cm×30cm×17cm
2021

琢磨怎么跟家人解释。因为各种文化的交叠，彼岸花的身影在宗教、民间传说、神话故事中都有出现，颇具神秘、玄幻甚至是暗黑色彩。

彼岸花学名“红花石蒜”，属石蒜科。在我国，石蒜有着1500多年的栽培历史，有着“中国郁金香”的美誉，具有极高的观赏价值、科研价值和药用价值。

石蒜花开时，花茎从土壤中破土而出，每枝花茎顶端一般盛开4～8朵花，像一把把雨伞，又因形似古时造型精美的宫灯而得名“金灯花”。花朵呈漏斗状，6片花瓣，花瓣形态狭长，边缘皱缩、反卷如龙爪，古人因此也称其为“龙爪花”；每朵花有6根细丝状的雄蕊，长长地伸出于花瓣外，是花瓣长度的两倍左右，顶端有丁字形状的黄色花药；雌蕊1枚，同样长长地伸出花朵之外。

在我国古代文学作品中可觅得金灯花的影子。南朝江淹的《杂三言·构象台》中有“金灯兮江篱”的诗句，《金灯草赋》中描述金灯花“出万枝而更明，冠众葩而不群”，赞美其不惧秋风傲然盛开的风骨，于一众残芳中一枝独秀的美丽；唐代女诗人薛涛在《金灯花》中写道：“阑边不见蘘蘘叶，砌下惟翻艳艳丛。细视欲将何物比，晓霞初叠赤城宫。”生动描述了金灯花盛开时的壮丽，仿若朝霞尽染皇家宫殿。

石蒜花色彩丰富，有红色系、白色系、黄色系、粉色系等，不同颜色的花有着不同的称谓，黄色花称作“忽地笑”，粉色花名为“换锦”，白色花梵文名称“曼陀罗华”，红色花梵文别称“曼殊沙华”。“曼陀罗华”和“曼殊沙华”来自《法华经》中的“天降吉兆四华”——曼殊沙华、摩诃曼殊沙华、曼陀罗华和摩诃曼陀罗华。需要厘清的是，此处的“曼陀罗华”与我们通常提到的“曼陀罗花”是两种不同的花。曼陀罗华专指白花石蒜，曼陀罗则属茄科，花朵有多种颜色。曼陀罗华的花语是“无尽的思念，绝望的爱情，天堂的来信”。曼殊沙华专指红色石蒜，也就是俗称的彼岸花，其花语为“无尽的永生，灭世的前兆，彼岸的召唤”，佛典称见此花者，恶自去除。

“彼岸花”之名源自日本。据我国古代典籍《春秋繁露》记载：“秋分者，阴阳相半也，故昼夜均而寒暑平。”秋分节气位于秋季居中的时间节点，故有“平分秋色”之说，因此得名“秋分”。中国的二十四节气伴随文化传播进入日本之后，春分和秋分演变成了“春彼岸”和“秋彼岸”。日本民间有在秋彼岸上坟祭祖的习俗，这一时节正值红花石蒜花期。缅怀已故亲人的悲伤氛围，加上红花石蒜“花叶不相见”的特性，激发了人们心中对于离别苦的深刻认同。出于对身在彼岸、阴阳两隔的故人的思念，盛开于秋彼岸的红花石蒜便被称为“彼岸花”了。

20世纪末以来，一些以彼岸花为名的网络作品一度流行，动漫、手游中也频繁出现彼岸花元素，使得红花石蒜花与彼岸、阴阳、冥界相连接，成为“阴阳两隔”的象征与符号。伴随不吉利恶名出现的，还有彼岸花根茎有毒的说法，使得人们在心理上更是对彼岸花敬而远之。

在佛教故事、民间传说、神话传奇以及日本文化、流行文化的共同作用下，红色彼岸花逐渐化身为生长在彼岸冥界忘川河边的接引之花，充满死亡意象。相传彼岸花是冥界唯一的花，也是长长黄泉路上唯一的风景与色彩，故去的人们踏着这条凄美的花径走向幽冥之地，成片盛开的彼岸花远远看去就像鲜血铺成的红地毯，因其红似火而被喻为“火照之路”。

“彼岸花，开彼岸，只见花，不见叶”，花叶两不相见的奇观生成了彼岸花的另一段传奇，东西方都流传一对被上天诅咒的恋人生生世世为“离别苦”所困扰的故事。也因为这段传说，彼岸花成了来自黑暗之地的爱情使者，因为花与叶的生长都象征对方的凋亡，它不得不永远见证爱而不得、阴阳两隔的暗黑底色。

事实上，彼岸花的“花叶永不相见”源于其花朵和叶子生长于不同时间。彼岸花的花朵生于花茎顶部，通常在秋季开放。而叶子则在花朵凋谢后生长，由基部的鳞茎中抽生而来，每年秋末长出，次年夏初凋落。

自然界的生命之所以能在亿万年的沧海桑田中生存下来，自有其智慧。彼岸花花叶不相见的生长方式是有其优势的。花叶分开生长有助于彼岸花适应干旱和寒冷的环境。花朵生长在地面上可以更好地吸收雨水和土壤中的养分，以应对干旱的环境。而叶子在花朵凋谢后生长，避免了寒冷季节的低温对花的伤害。

其实单就花叶不相见这一属性而言，自然界中很多植物都是这样的。比如我们身边常见的桃花、杏花、梅花等，都是花谢之后叶片方才萌发，只不过各种因素的共同作用导致彼岸花被赋予了如此悲情的隐喻。

而所谓的彼岸花有毒，也属对彼岸花的误解。事实上，石蒜具有很高的药用价值：石蒜植物富含石蒜碱和加兰他敏、力可拉敏等成分，石蒜碱制药对妇科肿瘤有显著疗效，加兰他敏和力可拉敏制成的药品可用于治疗阿尔茨海默病和小儿麻痹症后遗症。需要注意的是，石蒜虽含有多种药用成分，但不可食用，与石蒜花粉或汁液接触可能导致皮肤敏感者产生红疹。

作为蘑菇与花朵组合的系列作品，《生命是一路向前的回返No.06》（图3-39）中的蘑菇是一种相对抽象的形态，它更接近概念中蘑菇的样子，菌柄和菌盖既像蘑菇，又像人的头颈部。彼岸花的茎秆从头颅后脑勺儿下方生出，自底部沿后脑向上生长，在头颅后上方再次进入其内部，最终在面颅部盛开红到滴血的彼岸花。作品中的彼岸花纵向排布，线性的花瓣和花蕊像面具一样翻转、倒扣在整个面部。黑色的蘑菇头像地狱一样吸收了所有

图3-39 《生命是一路向前的回返No.06》羊毛，桑蚕丝 24cm×24cm×28cm 2021

的光，显现出卡普尔黑[①]般降维打击的平面化。

为了实现蘑菇头的空腔感，蘑菇采用制作毡帽、毡靴的传统湿毡技艺，彼岸花则由真丝制作而成。

制作彼岸花同样使用进口晶莹欧根纱，每片花瓣用两层丝织品，中肋用极细的包布铁丝作为骨架，以便更好地呈现花瓣的翻转。血红的花瓣是作品

---

①2014年，英国一家公司开发出一种能够吸收99.965%人眼可见光的超级黑颜料梵塔黑（Vantablack）。2016年，印度裔英国艺术家安内施·卡普尔（Anish Kapoor）买断了梵塔黑在艺术界的独家使用权，这就意味着世界上只有他一个艺术家可以使用这种最黑的颜料进行创作，这种垄断行为遭到艺术界长久以来的抨击和反抗。

表现的重点和关键，高饱和度的色彩搭配翻卷的花瓣与延伸出花朵之外且同样向蘑菇头方向翻卷的花蕊，自黑色的蘑菇身上生出、没入，再度生出、绽放，此间的纠结只有亲历者方得感同身受。

电影《黑客帝国》《阿凡达》中的人物可以通过一根能量管道与身体上的接口连通，从而进入一个平行世界，完成自己的天赋使命。在那个世界里，没有“叶不见花，花不见叶”的离别苦，没有地狱的暗黑与绝望，那个世界承载着人类对于幸福的终极梦想。其实那个世界并不遥远，那个世界就在每个人的心里。“一念天堂一念地狱”，天堂与地狱间的距离并不遥远。让我们的心安住在那个美好的世界吧!

（7）《生命是一路向前的回返No.07》

《生命是一路向前的回返No.07》（图3-40）沿用本系列作品《生命是一路向前的回返No.06》中的黑色蘑菇头意象，花朵则换作白色铃兰。铃兰生长于寂静的山谷，花期在五月左右，花语是天真纯洁、美好祝愿、吉祥如意、真挚的爱情，有着幸福归来的美好寓意与象征。

与《生命是一路向前的回返No.06》中花朵的生长轨迹相同，《生命是一路向前的回返No.07》中自黑色蘑菇里钻出的白色铃兰也呈纵向排布，但因为花朵微小，没有像彼岸花那样放射状弥散开来，因此纵向的视觉效果更

图3-40 《生命是一路向前的回返No.07》羊毛，桑蚕丝
14cm×15cm×24cm 2021

加鲜明。

做黑色蘑菇时尝试使用起泡胶作为内部填充物，外层用羊毛进行针毡。起泡胶自重很轻，也有一定的柔软度，是制作大型羊毛毡作品较为理想的骨架材料。铃兰花采用进口8000缎，这种织品有着柔和的真丝光泽、细密的质地与雪白的颜色。

蘑菇的亚光黑色与铃兰的闪亮白色形成强烈的反差，以至于铃兰花如一串珍珠，发出柔和却耀眼的光。像光一样没有物质属性的铃兰似乎来自天国，事实上却来自不能承受生命之重的暗黑。然而，它们却兀自散发着天国的气息，那是生命本来的样子。

因为创作时间上的延续性，这件作品仿佛是彼岸花绚烂之后的沉寂，是对于命运与自我的臣服，是尘埃落定后的随遇而安。

（8）《生命是一路向前的回返No.08》

《生命是一路向前的回返No.08》（图3-41～图3-43）由两件作品组成，是抽象的白色蘑菇符号与白色玫瑰花的组合。蘑菇为针毡的空腔结构，菌盖正中央位置的圆形孔洞中生长出通体雪白的玫瑰花，花朵依然是花苞的形态。我个人偏好花苞或者半开的花朵，对于全开的花朵则兴味索然，甚至感觉有些不忍直视，可能因为全开的花朵，前路只有凋谢了吧。

这是两朵充满爱的小蘑菇，因此身体里长出了爱之花，玫瑰花是它们爱的宣言。它们那么纯净，不曾见过世间的灾难与人性的底色。作为母体的蘑菇散发着羊毛的温软气息，玫瑰用进口亮缎制成，形态饱满，闪耀着

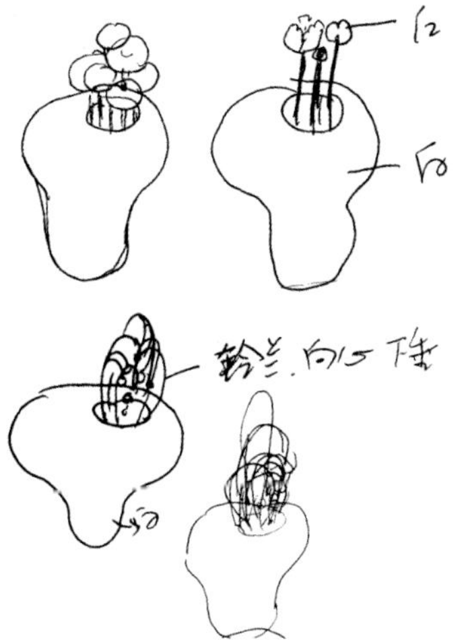

图3-41　《生命是一路向前的回返No.08》手稿

图3-42
《生命是一路向前的回返No.08》
羊毛，桑蚕丝
15cm×15cm×25cm×2
2021

图3-43
《生命是一路向前的回返No.08》
局部图

骄傲的美丽光泽，是在爱的蜜罐里浸润生长的孩子才有的独特气质。其中一件径直向上生长，另一件则垂首看向蘑菇，或许是回望来处，或许是在思考生命的去处。

（9）《生命是一路向前的回返No.09》

《生命是一路向前的回返No.09》（图3-44～图3-46）是一座潜藏在蘑菇体内的秘密花园。蘑菇看上去是普通的样子，而其腔体则充盈着神秘、丰盛的意象。

蘑菇为中空结构，用湿毡手法制成，外层是雪一样的白色，内层则是浓重的高饱和草绿色，像极了浓密森林里的色彩。就在这浓得化不开的绿色空间中，花花草草悄然生长，内壁的绿将所有的植物染成深深浅浅、浓淡不一的绿色系，于是出现了沉稳大气的青绿色牡丹、蓝绿色的马蹄莲、孔雀绿色的吊钟花，蘑菇腔体底部的酢浆草花也是蓝绿色的。我想，我再也调不出那么美好的青绿色了，而且每一朵花都那么饱满。太爱它们了。

不同的花根据质感的需要采用不同的丝织物，牡丹用的是晶莹欧根纱，

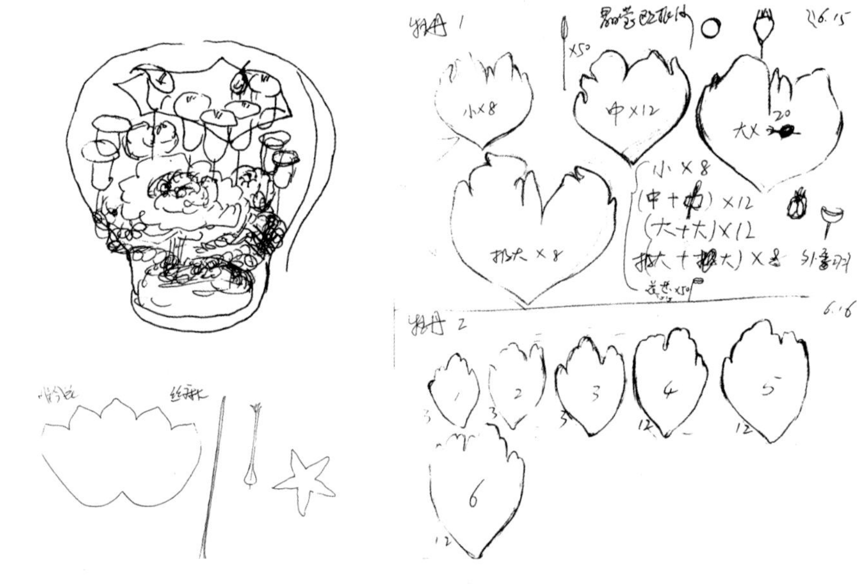

图3-44　《生命是一路向前的回返No.09》手稿

图3-45
《生命是一路向前的回返No.09》
羊毛，桑蚕丝
25cm×25cm×25cm
2022

图3-46 《生命是一路向前的回返No.09》局部图

吊钟花用的是真丝麻，马蹄莲则采用亮缎。不同织物有着不同的厚度、触感、细密度和反光度，以契合不同的质感与造型。

我曾经试图在蘑菇底部添加光源，但效果并不理想，因为从观者的角度来看，在底部光源的作用下，所有的花都显现出底光与逆光叠加的效果，当光线不能穿透牡丹的多重花瓣，其色彩的微妙变化与绢花的透明质感就显现不出来了。去掉内部光源，改用自然光源后，花朵从形到色各个维度的美得到完美彰显，由于光线不能到达蘑菇底部，反而加强了蘑菇花园的幽深与神秘感。

真愿变身为细微的尘埃，消融于这样一座花的园。

（10）《生命是一路向前的回返No.10》

在《生命是一路向前的回返》系列作品中，没有哪一件作品像《生命是一路向前的回返No.10》（图3-47～图3-49）的融合程度如此之深。作品从顶部俯瞰，是一大朵牡丹花，从底部仰视，则是一大朵肥美的牛肝菌，侧面所见是二者的复合体——下半部是羊毛质感的蘑菇，上半部的菌盖自然分化成真丝制作的轻盈、细腻的硕大花瓣。

蘑菇用白色羊毛针毡而成，菌柄底部实心，上半部分开始转化为牡丹花心的空腔结构，黄色的花蕊自空腔部分生长，内部花瓣从花心到边缘用晕染的手法实现黄绿色到白色的渐变，花瓣从内层到外层的色彩也由浅绿过渡到雪白。

因为造花过程中需要用到不同形态的烫镘，绢花自日本回流后还有一个

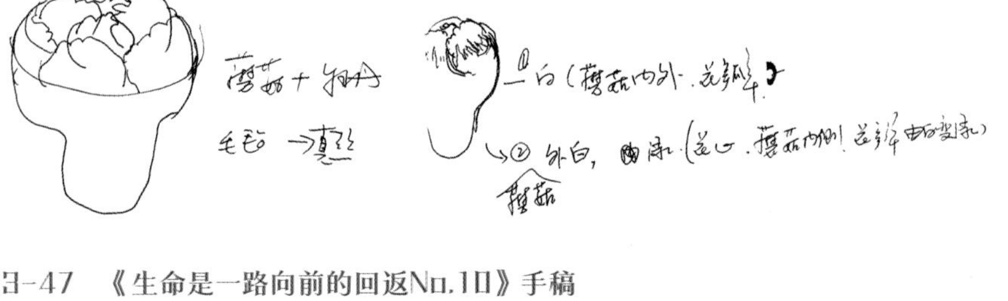

**图3-47 《生命是一路向前的回返No.10》手稿**

图3-48
《生命是一路向前的
回返No.10》
羊毛，桑蚕丝
23cm×23cm×23cm
2022

图3-49　《生命是一路向前的回返No.10》局部图

名字叫作“烫花”。原理很简单，将加热的烫镘作用于浆制后的丝织品，实现丝织品由平面到立体的形态转化。烫花工具的材料一般采用易传热的铜或铁，传统烫花工具以明火加热，现在的烫镘则普遍采用电加热方式。但因为烫镘由高密度的金属制成，所以自重不小但体量不大，这也就意味着制作大朵的花型是有难度的，因为我们没法用小小的球形工具制作出饱满的大体量球状造型，花瓣形态不理想，会直接影响花朵的整体造型。

《生命是一路向前的回返No.10》中的大朵牡丹是一次打破常规的新冒险。就像世间所有的病毒都会有解药，在不断尝试中，总会找到突破口。眼见一片片美得不可方物的牡丹花瓣像振翅欲飞的蝴蝶一样出现在工作台上，心里的满足感无以复加。

蘑菇长着长着长成了一朵花，要求作品最外层的花瓣与下半部分的蘑菇结合得天衣无缝，才能保证它天衣无缝地从一朵蘑菇变成一朵牡丹，从松软的羊毛过渡到细密的真丝。

羊毛与真丝花瓣黏合与过渡的方法不止一种：最简单的方法是将羊毛从底部向上根据所需造型做由厚到薄的渐变，然后用胶将真丝花瓣一层层粘在羊毛内壁，然而，对于触感的执念不允许我这么干。因为胶干后会变得冷硬，我不能忍受手在柔软的羊毛与细腻的真丝间漫步时触碰到干巴巴、硬邦邦的胶，而且一旦用胶，极不易清除，不会为制作留下返工的余地。其次，用湿毡的方式也很容易实现羊毛与真丝花瓣的结合，但与此同时真丝纤维会在擀制过程中发生偏移从而影响视觉效果，真丝织物上的胶层也会遭到破坏，导致无法塑造和固定出牡丹花瓣立体的形态，因此这一手法也被不假思索地摒弃了。而用针毡的方式去完成从蓬松绵厚的羊毛到薄如蝉翼的丝织物的无痕过渡，就意味着要让一根根羊毛去穿透细密的丝织物而不对其纤维造成破坏，制作者需要具备高度的专注力与精准度，以及苏绣般精致、利落的手法。在与羊毛打交道的近三年时间里，作为偏执的完美主义者，我一次又一次涉险履冰前行，也不差这一次了。结果是令人满意的，这件作品的确让我见证了自己在面对所爱时内心的宁静与安然。

我没去想这件作品意味着什么或象征着什么。一朵蘑菇在生命的进程中任性地改变了既有的生长路径，长成了一朵花，形成了一个既像花朵又像蘑菇、既不像花朵又不像蘑菇的怪物，可能是它自身同时携带了两种基因，可能是后天的基因突变，可能它本该如此，这不是我能左右的，上天自有安排，谁知道呢。

当这件作品完成后，有个声音告诉我，这个阶段的创作该画一个小小的句号了。

展期确定后，我用了大半年的时间选择、决定、购买各种规格和形态的透明罩。防尘是一方面，我更希望罩子与作品能成为有机体，为作品增添美丽与魅力。

# 04

# 在一朵<br>蘑菇里安住

- 作品中的“楚门”意象
- 连通人类与自然的蘑菇“萨满”
- 羊毛的悲悯

# 作品中的“楚门”意象

每个人都从童年走来，我的童年里有奶奶的怀抱和冬日的暖阳。她是我心中永远的女神，永远都那么安静、智慧而从容，一路陪伴并护佑着我，直至我离开她去上大学。上天曾经多么的眷顾我啊，赐予了我那样一份爱。她所给予我的，正是爱本来的样子。

虽然奶奶在我20岁那年就去世了，但在这样的爱中，我的童年一直延续到45岁左右。在我的童年期，有着做不完的梦，眼睛只管仰望星空，手只会拿画笔，双脚只顾行千里路，心中只有清风明月。漫长的童年将我宠成了一个无可救药的梦想家和理想主义者。而我的父亲，继奶奶之后，用他的肩膀撑起了这个理想国的天，用他的手臂阻挡了来自角落的暗黑。我就像《楚门的世界》中的主人公，只是没有人把我当作工具人，没有人监视我，我是无知的、自由的。但即便再美好，这样一个世界也是不完整的，因为在这个二元的世界里，我只能看到一元。我看得见光，看不见影；看得见善，看不到恶。我脚下踩的可能不是大地，而是冰窟窿，但我是浑然不知。就像欧洲民间故事中那位睡梦中的少年一样，不同身份的过路人对他有着不同的妄想、企图和善念，但他只沉浸在他自己的梦里，对身边事一无所知。说到底，楚门的世界是山寨版的伊甸园，而那位基斯督，也不过是一个蹩脚的三流导演，并不是基督。

在漫长的童年期，我追寻着精神上的自由，沿着里玛、蕾梅黛丝、西双版纳的傣族姑娘，一路追随到了老子和庄子身边，领略了“姑射神人”的神奇，裹挟着所有的理想与困惑，在人到中年时遇到了阿纳斯塔夏，在她的林间空地里找寻灵魂的归宿，希望能够得到新生的力量。

30多年与艺术相伴的日子里，我用斑斓的色彩、水杉一样高傲的女性意象释放着我对世界满满的爱意。因为缺少生活在其中的二元世界中另一个维度的鞭挞，我的作品看上去像童话一样，那么美好，那么虚假。我在家人为我吹起的泡泡里继续吹泡泡，但泡泡很脆弱，只需要一阵风，就炸裂在空气中，一阵微微的水花四溅后便无影无踪。而坐在泡泡里吹泡泡的那个我，跌落云端应该是唯一的宿命了。

## 1. 森林深处的精灵里玛

有人说，人的一生都在实现十四五岁时的梦。十四五岁时，我的桌洞里藏满了作家三毛的书，耳朵左进右出着老师的念念有词，眼睛则沉迷于三毛的撒哈拉，无限向往远方。

那时候，我拥有了此生最爱的一本小书——《绿色寓所》。到现在，我在新华书店的书架上发现它取下它时的那一幕仍然历历在目。跨越30多年的时光，历经人生种种，不管身处何地，这本书始终不离左右。像是另一个我，守护着在现实世界中一无所知的我。

《绿色寓所》讲述了一个委内瑞拉诗人、博物学家及政治流放者阿凡尔在热带雨林中遇见可以跟大自然沟通的女孩里玛，并与之相恋的故事，作者是英国作家和博物学家威廉·亨利·赫德逊（William Henry Hudson）。这本书应该算不上一部经典，因为我在哪个平台的榜单上都找不到它的名字。

出于对这本书无比的热爱，我在网上搜寻相关资料的时候，发现了由其改编的电影《绿厦》（也译为《翠谷香魂》）。电影由奥黛丽·赫本（Audrey Hepburn）主演，她的第一任丈夫梅尔·费勒（Mel Ferrer）任导演。无论在影评或票房成绩上，这部电影都是一部失败之作。不得不承认的是，导演并没有驾驭和演绎这样一部雨林传奇的能力，赫本的高个子也弱化了鸟姑娘里玛的灵动。整部电影矫揉造作，仿佛从头至尾都在说一个关于都市雨林的谎话。

但这并不能阻止我一如既往地喜爱《绿色寓所》。一千个人眼里有一千个哈姆雷特，我始终如一地在内心构建着心中精灵般的里玛，无数次在脑海中幻想她与阿凡尔第一次相遇时斜躺在草丛中，穿着蛛丝袍子，披着如雾般不能描述颜色的长发，发出婉转悦耳却不知所云的语调，与鸟儿嬉戏玩闹的场景。心里想着总有一天，我要把她画出来。有时候我甚至怀疑，正是这个想法，让我半生以来坚定地与艺术相伴随行。

这本书一路引领着我去到西双版纳，遇见傣族人。2005年出版的《水灵魂：醉在西双版纳的日子》记录了关于那片红土地的心灵絮语，而西双版纳傣族女性也成为我自那之后持续时间最长的系列创作的原点。在我心里，就像里玛与森林彼此共生一样，傣族人与西双版纳热带雨林和谐共处的美好始终是我心中“天人合一”哲学观的终极范本，寄托着我对理想之地的期许。

随着时间的流淌，作品中的人物逐渐符号化，背景里的大芭蕉叶也逐渐抽象化，创作主题从傣族女性与西双版纳热带雨林延展到更为广博的人与自然的关系。

从《绿色寓所》到热带雨林，从雨林到蘑菇，从人到自然，近30年与艺术相伴的日子，就这么不知不觉地走过了。未来还有多长的时间和路，我说了不算，但我知道的是，对我而言，这就是此生存在的意义。

## 2. 蕾梅黛丝是透明的

我作品中森林女性的意象，除了《绿色寓所》中的里玛与傣族女性之外，不得不提的还有《百年孤独》中的蕾梅黛丝。

《百年孤独》是哥伦比亚作家加西亚·马尔克斯的长篇小说，讲述了一个家族七代人的兴衰史。作品神秘魔幻，充满各种隐喻，被誉为拉丁美洲魔幻现实主义文学的里程碑之作。小说里镜子之城马孔多被包裹在一个茧里，在无尽的孤独中永恒循环，仿佛再也无法进入生的轨道。而小说中的美人儿蕾梅黛丝则不受限于这个无止境的恶性循环，她的纯洁美好、特立独行一头扎进了我的心里，再也没有消失过。

蕾梅黛丝的美，诱惑人心又令人窒息，让人不敢靠近又趋之若鹜，家族之外的男性只要看她一眼，结局便非死即疯。她自始至终都如老子所言“比于赤子”，即使已经进入青春期仍然需要别人为她洗澡穿衣，她会用自己的粪便在墙上画小动物，成年后仍然不会识文断字，不会使用餐具，为避免梳头而剃光了所有的头发，总是赤裸着身体在家里走来走去，唯一的衣服也只是自己粗略缝制的麻布袍，她始终生活在烂漫无邪的童年期，她的梦境中永无恶魔。她如老子所言“天地不仁，以万物为刍狗”，世间的一切都不能激起她情感或情绪上的波澜，她对芸芸众生都无区别对待，她的心下了无牵绊。虽然蕾梅黛丝因为种种不合常规的行为被认为是低智商，然而事实上她却是最智慧的人，她赤诚、干净、自由，她是脱离了世俗的存在，她并不属于这个世界，她生命的最终归宿证明了这一点。某一天的下午四点钟，蕾梅黛丝在帮费尔南达叠床单时，身体变得透明，与鼓荡放光的床单一起随风而去，永远消失在连飞得最高的回忆之鸟也无法企及的高邈空间，留给这个世界的，仅有那个悲悯的微笑。

身着亚麻长袍的蕾梅黛丝像空气和灵魂一样透明，最终御风飞升，消融在光中；用半透明蜘蛛丝做长裙的鸟姑娘里玛，从树上坠入熊熊火光；而在日渐都市化的西双版纳，穿傣装的傣族姑娘也日渐稀少，或许有一天，她们也会像里玛那样成为已经消失族群的遗世独立者，终有一天化为烟尘，在那片祖先生活过的红土地上不着一丝痕迹。

### 3. 阿纳斯塔夏的洞见

我很早就听说过阿纳斯塔夏，但一直没有想去阅读。2021年年底，阿纳斯塔夏在我的生命中翻开了第一页，我被整套10本的《鸣响雪松》震撼到了。阿纳斯塔夏那么纯粹、充满智慧，在极寒之地散发着温暖的光与爱，这种正向的能量纵贯古今，弥散在我们生活的所有空间中。

与里玛相同，阿纳斯塔夏也与动物及所处环境休戚相关、彼此共生，完美阐释了人与自然的和谐与美好。然而，里玛被印第安人杀害的结局为人与自然共处的美好染上了一层悲剧色彩。里玛的族人已然在这个地球上消失，身为族群中的最后一员，里玛的去世意味着人与自然和谐共处理想的幻灭。作为与周边格格不入的个体，里玛和蕾梅黛丝都离世了。这是深藏在我心底挥之不去的阴影，也仿佛内化成我命运的底色，对我的性格和心理产生了直接影响。多年来，我一直生活在这个有着悲剧色彩的阴影之下，直到遇见阿纳斯塔夏，在年近半百的年纪遇见阿纳斯塔夏，我心中是多么的欣喜啊，她让我重新回到了阳光下。阿纳斯塔夏也是一个已经消失族群的遗孤，但她充满能量，她的光能照亮世界和人心最黑暗的角落，她能够保护所有需要帮助的人。她驱除了我内心的阴霾，为我的世界洒下爱与光。

自青春年少至年近半百，里玛伴随了我30余年，我迷醉于里玛的蛛丝袍子，迷醉于她与小动物的相濡以沫，迷醉于她像雾一样的来无影去无踪。然而，在现实面前，她是无力的，她以一己之力保护森林里的动物不受爷爷和印第安人的伤害，但阻止不了爷爷偷藏荤腥，阻止不了印第安人对动物的无情杀戮，甚至最终连她自己也命丧印第安人之手。可能里玛的人生际遇在很大程度暗示了我的生命轨迹，人生的大部分时间里，我总是一边无奈地面对生活的种种，一边幻想着像她那样舍红尘而去，在属于自己的森林里像鸟一样自由鸣唱与飞翔。她的无力就是我的无力，她的结局会是我的结局吗？或许吧。我曾经是这样认为的。

突然，在阿纳斯塔夏那里，我看到了人类思想与信念的力量，找到了突围的希望。阿纳斯塔夏的智慧令她睥睨古今，她对一切都无所畏惧，敢于向世界上一切黑暗挑战并最终战胜它们。她坦然追求所爱，帮助爱人实现人生价值，把命运的齿轮牢牢把控在自己手里。我希望在她那里得到面对生活的力量，而且，我相信终将得到。

### 4.“姑射神人”意象

综合来说，我架上作品中的女性形象，其原型来源于里玛、蕾梅黛丝、阿纳斯塔夏和傣族姑娘，是她们总体意象的呈现。当然，还有生活在非洲大草原上的法国姑娘蒂皮和美国的塔莎·杜朵老奶奶。她们都是精灵般的存在，她们活出了人类本来的样子。她们一丝不挂或身着长袍，她们的袍子可能是身边的蜘蛛吐丝缠绕而成的，也可能是由从大地钻出的亚麻织就的，还有可能是已经被傣族姑娘嫌弃的傣装。在她们的身上，没有人间烟火的熏染。

作品中的她们没有五官，你无法分辨她们是什么人种，什么民族，什么信仰，她们只是符号，代表了女性或者人类整体。她们的色彩与所处环境的色彩并无二致，仿佛她们是蕾梅黛丝那样的透明体，全然吸尽或只是映射身边的色彩。与她们共生的色团，是芭蕉叶，也是森林、自然的象征。她们只是采撷周围色彩幻化而成的透明人形，用自己的呼吸与森林里的大树交换着氧气，相互滋养、彼此共生。

历史上有一段著名的公案是关于禅宗六祖慧能与其师兄神秀的“渐顿之别”：神秀认为“身是菩提树，心如明镜台。时时勤拂拭，勿使惹尘埃”，慧能则认为“菩提本无树，明镜亦非台。本来无一物，何处惹尘埃”。禅宗据此被分为南宗和北宗，六祖慧能是南宗鼻祖，提倡顿悟；北宗神秀则主张渐悟。顿悟自然令人向往，但似我等终其一生在红尘中摸爬滚打的俗人，在那样一个灵光乍现的际遇到来之前，仰望苍穹，脚蹬青云梯，一步一个脚印，缓慢接近那个心中的美好，应该会来得更切实际些。

老庄的道家思想是中国人思想与生命的底色。《老子》短短五千言，字字珠玑，直指天道，为世人道出了宇宙至理，类似于慧能的一语道破。庄子是个讲故事的人，他的故事讲得精彩，不仅暗通大道，且洋洋洒洒，气势恢宏。从语言来看，老子朴素，庄子华丽。从内容来看，老子直白，庄子委婉。老子更接近慧能，庄子则是神秀，循循善诱，层层剖析，告诉世人哪里是正确的方向和道路，在每一个路口指引世人作出最符合本心的选择。

老子主张“复归于朴”，即归于自然。归于自然，便可如《庄子》中遥远的姑射之山那位“肌肤若冰雪，绰约若处子”，“乘云气，御飞龙，而游乎四海之外”的神人，“大浸稽天而不溺，大旱金石流、土山焦而不热”。姑射神人入水则身化为水、入火则身化为火，身与物化，物我同一，心入绝对自由之境。庄子以此昭示宇宙与人之间本为一，只有冲破拘役本心的牢笼，才能与天地合而为一。

作品中的女性，同时融合了“姑射神人”的意象，我把自己的梦想倾倒在画布上，希望在美好意象的引领下回到原初的花园，努力构建出一份天人合一、自然而然的美好。

## 连通人类与自然的蘑菇“萨满”

在这个全民直播的当下，每个人在镜头面前都有一个人设，吸引相对固定的客群以赚取流量。《楚门的世界》预言似的告诫我们，把自己当作耶稣基督（Christ）的克里斯托弗（Christof）创造了“桃源岛”，但桃源岛不是桃花源，不是伊甸园，Christof也不是Christ，作为楚门（Truman）——True man（真正的人），我们需要醒来，去感受现实世界的风雨，在真实的生活中真实地活着，在炼狱中打磨自己的心性，从而实现真正的超越，最终到达终极真实的彼岸。

蘑菇来自森林，却向我昭示了人性。我的原生家庭是一座森林，我是个在森林里无拘无束自由奔跑的野孩子，森林里没有毒虫猛兽，只有爱，就像阿纳斯塔夏的林间空地一样，在那片专属于她的空间里，动物都友善而乐于为她服务。但是，我没有阿纳斯塔夏的洞见与智慧，我只是个无知的梦中少年，懵懵懂懂地活在楚门的世界中。

当蘑菇出现在林间空地，当我奔向它们，它们引领我走向一个我从未涉足的国度。不是兔子洞，而是更为幽深的人性深渊。在那里，我深刻领会了德国哲学家弗里德里希·尼采（Friedrich Wilhelm Nietzsche）那句话：当你凝视深渊时，深渊也在凝视你。

## 1. 在一朵蘑菇中照见二元世界

楚门最终选择逃离他的世界，蘑菇则把我带离童年，狠狠地推进一个陌生的环境，一座陌生的城市，一段陌生的人生际遇，我在人性的旋涡中晕头转向，紧跟着身体便出现了各种各样的问题。

爱蘑菇意味着爱森林。森林是神奇的，可以让人找回迷途的心智，也能让人发现蘑菇，但蘑菇却照见了世间万象。

以森林女性为载体，我努力构建人与自然合而为一的美好，但在蘑菇身上，我洞见了多年来一直视而不见的人性。美味蘑菇让人馋涎欲滴，致幻蘑菇让人恍若进入异次元，有毒蘑菇让人魂飞魄散。从人类的角度定义是美味、致幻还是有毒，是人本主义思想的典型体现，自然界不会因为哪一朵蘑菇有毒而禁止它绽放。每一朵蘑菇都有它的美好与价值。但蘑菇如此多元的面向，让人类对它们既爱又怕，既想远离又情不自禁地接近。

表面看来，蘑菇是那样一种神奇的存在，它们生长于不为人知的地下王国，偶尔短暂地钻出地面只为繁衍后代，却为人类带来了意想不到的惊喜与惊吓。如果说蘑菇是神秘的，那是因为，蘑菇的各种特性高度契合了人性的各个面向，仿佛人类在它们面前是透明的，没有任何秘密可言。我们在美味蘑菇的身上看到了人性的善良与光明，在有毒蘑菇那里看到了人性的黑暗。至于致幻蘑菇，有人食用后沉浸于天堂之爱，有人则身陷地狱的恐怖，凡此种种，不过是每个人的内心世界凭借蘑菇的力量浮出了潜意识的海面。

我喜欢无限，所有有限的东西对我都有吸引力。无限跟自由不太一样，无限是一种状态，它就在那里，从来不曾消失过。而蘑菇，让我体会到了这种了无痕迹的无限。它为我们提供了关于这个世界无数的面向与维度，让我们面对一朵蘑菇时学会保持冷静，理性判断食用的后果，而不是沉沦于蘑菇即美味的主观臆想。蘑菇迫使我们更加全面、客观地看待世界——包括人类。它告诉你，爱或者不爱，世界就在那里。

当蘑菇在我面前展现出人性的底色，我一度怀疑自己是否还能一如既往地善良，何况还有那么多不明就里的灰色地带。我希望自己在凝视深渊时，能像皮娜、基弗那样倔强地心怀希望，在面对世界的不友善时发出点点微光，照亮在深渊中负重攀爬的孤独心灵。

## 2. 一朵蘑菇照见未来

爱森林让人更加关注我们称之为木头的大树。想要与蘑菇近距离接触，必须走出人类称之为家的水泥方格子，走进森林。林间空地会为你提供无限的喜悦与幸福。毕竟，人类还有一个家在森林。

蘑菇帮助植物从海洋跃迁到陆地，与植物互相交换营养，为森林的形成提供共生结构。蘑菇分解有机物、污染物，将它们变成可以被环境重复使用的有机材料，使能量的转化与循环成为一个闭环，使地球得以生生不息地运行。人类将原油泄漏在大海上，在都市里投掷原子弹，用塑料制品包装一切……人类就像一个天性本恶且为所欲为的孩子，在自己的游戏中恣意妄为，不计后果地破坏环境。而蘑菇，则以自身的力量默默帮助人类善后，没有哪一种生命能够像蘑菇那样迅速地吞噬有毒物质并将其转化为对环境有益的营养。没有蘑菇，地球上将见不到生命的踪迹；没有蘑菇，地球生态系统将不能无止息地循环再生。

“末日松茸”作为一种美好的意象，是人类直面恐惧的最大底气。人类至今无法通过人工养殖的方式获得松茸，这意味着它对环境的要求极为严苛，但却悄然盛开在核爆之后广岛的废墟之上。末日松茸为人类带来了一丝光，它提示人们，与自然共生才是最大的救赎之道。它仿佛不是一种物质的存在，而是来自上天的昭示：当人类文明成为一场以毁灭为目的的危险游戏，当人类注定无法回到往昔的田园牧歌，我们依然可以在绝望的废墟之上找到生的契机。可以说，蘑菇照亮了人类的未来之路。作为被轰炸后的广岛生长出来的第一种生物，蘑菇不仅为人类带来了希望，而且以隐秘的精神象征回应了“天人合一”的古老智慧。

在诸多遥远的原始宗教、神话传说与巫术仪式之中，蘑菇都是唤醒人类潜意识、连接人与宇宙的介质。这并不是说人类的未来存在于不可控的幻觉中——尽管人类制造的“元宇宙”已经打开了“平行世界”的大门——而是说，蘑菇提示我们，在一路向前狂奔的科技引领下，回首望向广袤的田野，学会与自然相处，去到森林中找回潜藏在灵魂深处的智慧，或许才是人类真正的救赎之道。

# 羊毛的悲悯

二战期间，约瑟夫·博伊斯作为希特勒青年团的一员，在克里米亚地区驾驶战机执行轰炸鞑靼人的任务时坠毁，反被鞑靼人营救。鞑靼人将博伊斯从飞机残骸中救出来以后，用油脂涂满并用毛毯包裹其颅骨、肋骨和折断的四肢。在温暖的毛毡中，博伊斯活了下来。

很多人认为这段源于博伊斯口述的经历是虚构的。但不管鞑靼人救命的故事是不是博伊斯对自己生平的创造性解释，还是如他的遗孀爱娃·博伊斯（Eva Beuys）认为的那样，是他长期无意识中的白日梦，事实是，当博伊斯成为20世纪重量级的艺术家，毛毡和油脂成为其作品中反复出现的创作材料，甚至成为专属于博伊斯的标志性符号。而在生活中，那顶掩盖战争创伤的毛毡帽也成了博伊斯身体和身份的一部分。

博伊斯被称为“战后德国的萨满师”，他认为萨满教是一种让人回归原始状态的自然哲学，在这种状态下，所有生命都能和谐共处。博伊斯认为，人类需要森林以获取氧气，需要谷物作为食物营养，也需要多种多样的动物，需要土地和地球。人类需要大自然和动物就像需要心脏、肝和肺一样。当我们知道人类的进步倚靠这些生命却仍在杀害它们的时候，爱已经荡然无存了。

羊毛助力博伊斯实现从普通人到萨满的身份转换，使他具备了萨满沟通人神的能力；羊毛唤醒了博伊斯内心的愧疚与悲悯，愧疚来自鞑靼人的以德报怨，他们拯救了试图致他们于死地的敌人，唤醒了他内在的爱。对博伊斯而言，羊毛毡与油脂意味着重生，就像子宫一样重新孕育了他，再一次把生命赋予他。羊毛毡是鞑靼人的象征，它所承载的是一种超越人类自身局限的大爱。

博伊斯曾说，物质不重要，他想探究物质的起源及其背后的思想。在博伊斯的作品中，我们可以感受得到毛毡与油脂所指向的精神性。在《我爱美国，美国也爱我》中，他用羊毛毡包裹着自己，将牧羊人的手杖从头顶部位伸出。面对饥肠辘辘的荒原狼，他笃定地相信羊毛是一种爱的能量，可以传递给荒原狼，让它摒弃自己肉食动物的天性，跨越物种界限与人类和平共处。在《如何向一只死兔子解释绘画》中，一只脚穿毛毡底鞋的博伊斯化身为萨满，与兔子的灵魂进行沟通。博伊斯认为，即使是一只死去的动物，也比某些固执于理性的人有更强大的直觉力。他希望人回归自己的内心，唤醒与自然沟通的能力。

在我的作品展览期间，在一次与同事黄海燕先生的聊天中，他很严肃地问我："你为什么对羊毛情有独钟呢？"他的话，如电光石火，连通了我久已断裂的神经，也打开了通往久远记忆的大门。我想，那或许是我与远古祖先的基因连接。

在关于羊毛毡的整个创作过程中，我不知道是我选择了羊毛毡，还是羊毛毡选择了我。

事实是，羊毛毡出现在我的生命里。如果说蘑菇让人想到森林与隐居，那么羊毛便让人想到草原与游牧。

对我而言，草原意味着什么呢？草原似乎是我生命的来处。从家谱以及对游牧民族的情感中，我可以一路回溯，追寻到祖先的血脉。从硕士到博士，在中央民族大学读书先后6年，每当同学问起我是哪个民族时，我都会毫不犹豫地认定自己是蒙古族。

2005年8月，在蒙古族好友宝贵敏女士与巴义尔先生的引领下，我去到了呼伦贝尔草原。那是我有生以来第一次站在草原上，但那种游子归乡的忧伤与惆怅像空气一样弥散在我的血液与灵魂里，没法用语言形容。那天在海拉尔，所有人都是家人，人们唱着祝酒歌四处游走，而我，人生唯一一次醉酒。人们载歌载舞，而我，拍红了巴掌却张不开嘴、迈不动脚。离开草原太久的灵魂，已然忘却了歌舞与美酒，但马头琴的低回仍然会让思乡的人泪流满面。那天晚上，我思念着彼时已经离开我11年的奶奶，想到没有能够带她回到草原，悲怆不能自已。

2007年，我再次来到草原，去到的是北方草原的腹地锡林郭勒，那是吉祥来到我生命中的地方。每当想到锡林郭勒，就会想起在我身边疾驰的马群，想起草地上三三两两的蘑菇，想起绵延流淌在草原上玉带一样的河流，想起蒙古包里的炊烟与歌声，想起清晨的草原上方低低飘浮的条状白雾，想起晨曦中去挤奶的蒙古族女人……这么多年来，我很想用作品表达对于草原和游牧民族的情感，但始终挠不到痒处，找不到出口。就像关于里玛的情结一样，就那么一直闷着，发酵成了一种执念。

新冠疫情期间，蛰伏在宛如山林的诺大校园里，沉浸在采蘑菇与找小动物的快乐中。近百天的静默状态使我得以与内心深度对话。羊毛就那样突然出现了。我完全记不清羊毛是怎样闯入我的生命和作品中的，但那种温暖、绵软的质感触动了我灵魂深处最隐秘的记忆。但那时候，我只是单纯地被吸引，并没有想到为什么会被吸引。

在日复一日的朝夕相处中，一朵朵用羊毛做成的蘑菇在手中慢慢成型。在羊毛的温软中，追忆远古祖先的血脉奔流。在蘑菇的意象里，感受森林的幽深与隐秘。

是的，生命中，不仅仅有爱与阳光，当蘑菇以它的多个面向昭示人性不同层级的灰度，我用羊毛的温暖去表达，在表达中释放，完成对身心的治愈。

我爱森林，也爱草原。草原与雨林，哪个才是家？我想对我而言，可能草原是来处，森林是去处。

今年冬天，我在好友那里订了一双羊毛毡靴，它们出自一位蒙古国小伙子之手。我从来没有想到一件服饰能够给人带来那么强大的幸福感。不是因为满足了虚荣心，而是实实在在的舒适感。在我的脚被羊毛靴包裹的那一刻，我理解了他为什么心甘情愿远离乌兰巴托的显赫家族，与自己的中国爱人一起放弃高学历，日复一日做着蒙古国普通百姓用以维持生计的活计。事实上，他们每天在做的，是一项无比美好的工作。用什么语言可以表达那种感受呢？唯有一个字——爱。就像熟睡状态下，意识游荡在九霄云外，身体没有任何感觉，那是一种极致的幸福，只是我们很难察觉到。

这双靴子带给我的是意识和生命状态的改变，让我开始爱自己的身体，剔除对身体有害的一切，更加接近自然，接纳自然对于人类的爱与馈赠。这一切对于身体和灵魂的爱与治愈，是羊毛带来的，它那么悲悯，那么包容，就像蕾梅黛丝飞升时望向普罗众生的眼神与微笑。

# 05

## 一场关于蘑菇的艺术展

来，共赴一场关于蘑菇的传奇

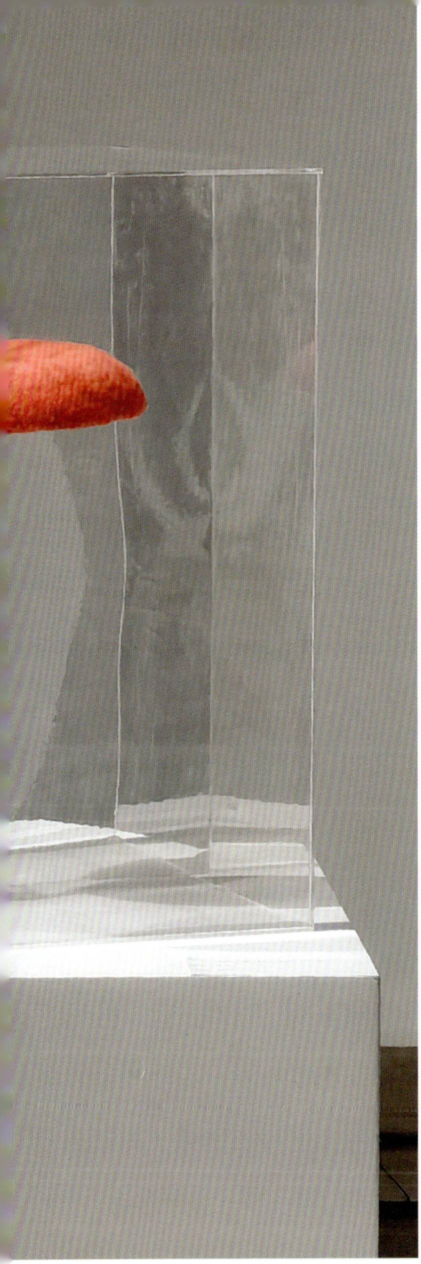

展厅里的蘑菇

回归草地的蘑菇

# *Epilogue* 写在后面

艺术让人的内心柔软，柔软的内心遇见此生注定遇见的柔软小镇，柔软小镇上有座柔软的森林，柔软的森林里生长着柔软的蘑菇，柔软的蘑菇用柔软的羊毛包裹身体，柔软的羊毛柔软了内心的柔软。

在这样一个柔软的暖冬，一个关于羊毛与蘑菇的故事马上告一段落，新的思想尚未起航，心与身体都处于一个寂静的空档期。院子里的野菊花已然开过，芭蕉在暖房里享受冬日暖阳，小动物蛰伏在土地之下做着漫长的关于春风的梦，一切静悄悄的。让我们回首望向那朵安住心魂的蘑菇，回到那朵用羊毛制成的蘑菇作品。

乔治亚·欧姬芙曾经说，她有生以来一直非常胆小，但从来没有因为胆小而不做她想要做的事。欧姬芙简直是我的嘴替。每一件作品都是从零到一的过程，充满冒险，因为没有人告诉我最终会导向什么样的结局，整个过程战战兢兢、如履薄冰。

四年前的那个冬天，一场羊毛与蘑菇的际遇在彼此的不知不觉中酝酿。

与羊毛和蘑菇朝夕相伴的时光更像是一场心灵奇旅，每天与自己的心对话，在将新的创意转化成作品前，想象作品呈现的方式，像解方程式一样分解、预判整个过程中需要解决的问题，找出解决的途径与步骤。整个过程充满未知与挑战，为了心里那份美好的意象，通过网络购置各种臆想中的工具和材料，在纷飞的羊毛絮与尖锐的戳针交锋的过程中，享受作品从无到有，逐渐成型。在沮丧中寻找希望，在欣喜中得意忘形。

在这个远离森林与蘑菇的冬日，我用芭蕉、龟背竹、鸡蛋花、鹤望兰构建起一个绿色的空间，假装自己生活在森林里。我买回菌种仔细照看，静待与蘑菇不期而遇。看着植物与蘑菇野蛮生长，我的灵魂似乎自由起来。

终其一生，我们寻找爱情，寻找未知，最终导向的都是寻找自己。当我们找到自己，便找到了灵魂的共同家园，我们会发现，在那个永恒的家园里居住着所有亲人的灵魂。当我们冲破一切障碍到达彼岸时，会发现自己来到了起点。这个起点，既是我，也是我们。

宇宙为何在人类上空点亮众星，因为爱。

2023年12月

**图书在版编目（CIP）数据**

做一朵蘑菇：从概念到展览 / 张彬著. — 沈阳：辽宁美术出版社，2024.11

ISBN 978-7-5314-9771-4

Ⅰ. ①做… Ⅱ. ①张… Ⅲ. ①羊毛－毛毡－手工艺品－制作 Ⅳ. ①TS973.5

中国国家版本馆CIP数据核字(2024)第099258号

出 版 者：辽宁美术出版社
地　　址：沈阳市和平区民族北街29号　邮编：110001
发 行 者：辽宁美术出版社
印 刷 者：沈阳丰泽彩色包装印刷有限公司
开　　本：787mm×1092mm　1/16
印　　张：12.5
字　　数：230千字
出版时间：2024年11月第1版
印刷时间：2024年11月第1次印刷
责任编辑：罗　楠
责任校对：郝　刚
书籍装帧：王艺潼
书　　号：ISBN 978-7-5314-9771-4
定　　价：128.00元

邮购部电话：024-83833008
E-mail:lnmscbs@163.com
http://www.lnmscbs.cn
图书如有印装质量问题请与出版部联系调换
出版部电话：024-23835227